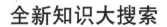

全新知识大搜索

飞出地球

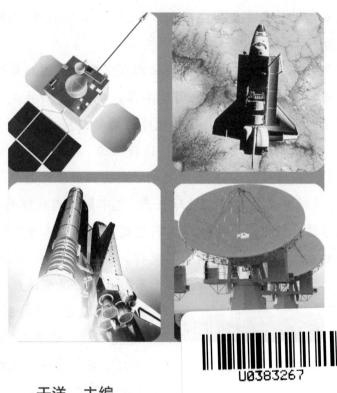

于洋　主编

吉林出版集团股份有限公司

前言

我国是火箭的故乡。早在公元9世纪，勤劳智慧的中国劳动人民就用火药制成了世界上最早的火箭——火药火箭。

13世纪，我国的火药和火箭技术相继传到阿拉伯和欧洲。英、法等国制造了许多形式的火箭。随着火箭推进剂和材料科学的发展，1926年第一枚液体燃料火箭发射成功。第二次世界大战期间，德国研制了新型的V-2火箭。

我们知道，地球对周围的物体都有吸引力，因此从地球上抛出的物体就要落回地面。那么为什么月球不落在地面上呢?就是因为月球一方面受到地球的吸引力，使其具有向地球运动的趋势；但是另一方面，月球本身有一个很大的速度要飞离地球。这样一来，就形成了地球与月球之间的既相吸引又相排斥的运动。当地球的吸引力恰好等于月球绕地球运转的向心力时，月球既不能被吸到地球上来，也不能飞离地球而去，只能绕地球不停地转动。根据这个道理，人们受到启发，后来才有人造卫星升天。

根据向心力公式和万有引力定律，人们推算出人造卫星环绕地球运行所需的最小速度约为每秒7.9千米。人们把这个速度叫做第一宇宙速度。如果物体运动的速度达到每秒11.2千米，它就能挣脱开地球的引力，成为绕太阳旋转的人造卫星了。这个速度又被称做第二宇宙速度。如果物体的运动速度达到每秒16.7千米，那么它就能挣脱开太阳的引力，飞到太阳系以外的宇宙空间去。这个速度叫做第三宇宙速度。

但是，发射载人火箭，开始时无论如何也不能立即达到第二宇宙速度，因为初速过疾，由于加速所带来的重压，会将人置于死地。

于是，火箭的速度与人身安全之间又出现了新的矛盾，该如何解决这个问题呢?人们当然既主张保持应有的速度,同时还要保障飞行人员的安全。于是,多级火箭便应运而生了。

第一颗人造卫星叫"卫星-1"号,是1957年10月4日苏联用强大的"T3A"号火箭发射的。这颗人类破天荒第一次制成的人造卫星,沿着椭圆轨道飞行,环绕地球一圈需时96分钟。它一边在宇宙空间飞行,一边发出"嘀、嘀、嘀"的电波,向全世界宣告:宇宙时代的第一页揭开了。

在苏联的刺激下,美国加紧了发射人造卫星的研制工作。1958年1月31日,美国成功地发射了第一颗人造卫星——"探险家-1"号,在研究辐射能方面建立了功勋。1958年3月21日,美国又发射了"探险家-3"号卫星,对辐射能作了更详细的研究。1958年5月15日,苏联又发射了"东方-3"号,对大气外层的情况做了各种调查。

这些人造卫星把在大气层外的各种情况都弄清楚了。从1958年秋季开始,便进入开发宇宙的下一阶段。

应用卫星是在宇宙开发事业开始后过了两年才发射的。按照使用目的,应用卫星又可分成通信、气象、导航、测地、地球资源、侦察卫星等。

1961年4月12日,莫斯科时间9时07分,一枚银白色的运载火箭,从苏联的拜克努尔宇宙发射场离地升空。这是人类历史上,第一艘载人宇宙飞船"东方-1"号被送上太空。

1969年7月16日凌晨,阿姆斯特朗、奥尔德林、柯林斯三名宇航员被送进了"阿波罗-11"号飞船的舱内。7月20日22时56分(北京时间21日12时56分),阿姆斯特朗的左脚终于踏上了月面,在那自古荒寂的尘土上印上了他那宽大的靴印。这第一位登月者当时讲了一句流传至今的名言:"对一个人来说,这是一小步,但对人类来说却是一大步。"

目录 MuLu

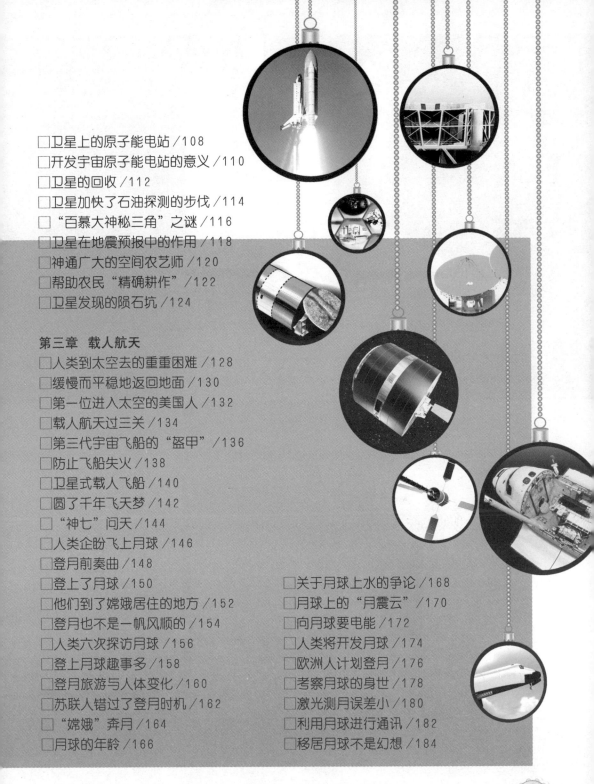

第一章　登天的梯子——运载工具

现代火箭，是根据古代火箭的基本原理发展起来的。我国远在宋真宗时，一个名叫唐福的神卫水军队长（普通下级军官），为了抵御外来的侵略，经过苦心钻研，在咸平三年（公元1000年），创造了世界上第一支火箭。所谓火箭，应指以固体火药为发射剂，借反作用原理自行发射的装置。按照这个定义，1161年宋兵抗击金兵时在采石场战役中使用的"霹雳炮"就是原始的火箭。

19世纪，俄国学者齐奥尔科夫斯基创造出火箭的基本数学定律，提出了用液体做推进剂的多级火箭的设想。随后由他的学生研制成以汽油和空气做推进剂的液体火箭发动机，推力5千克。继之，新英格兰一位年轻的物理学教授罗伯特·高达研制出推力几十千克的液体火箭发动机，1926年发射第一支液体燃料火箭成功。从此打开了火箭通往星球的门户，火箭技术的发展进入了新阶段。

第一次世界大战后，德国法西斯头子希特勒妄想吞并世界，组织起一支强大的技术队伍，研究军用火箭。第二次世界大战期间，试验成功的液体火箭"A-3"，能垂直上到十多千米的高度。1942年10月3日德国又试验成功"V-2"火箭，打破了以往的火箭在高度、重量、速度与航程方面的纪录，它全长13.8米，能推举1吨重的载荷，以每小时5760千米的速度升上太空的边缘，"V-2"代表了火箭技术的一大突破。第二次世界大战后，美国和苏联从战败国德国得到大量的"V-2"火箭部件和图纸资料，在此基础上，他们开始研究自己的军用火箭和卫星，以及飞船的运载火箭。1957年10月4日，苏联用液体火箭向宇宙空间发射了第一颗人造地球卫星。1961年4月，苏联研制的"东方"运载火箭，将宇航员加加林送上天。之后又陆续研制出"上升"号、"联盟"号、"质子"号等多级运载火箭，用火箭发射的飞行器重量从几十千克到20吨。美国的多种宇宙飞行器中，著名的"土星-5"号是多次发射载人登月飞船"阿波罗"号和天空实验室的三级运载火箭，全长达110米，起飞重量达2800多吨，飞船重量达上百吨。

人类发明火箭的故乡——中国，今天她的火箭技术已经迈进了世界先进行列。2008年9月25日，长征二号F型火箭发射"神七"载人飞船成功。

敲开 "天堂" 的大门

　　人们常用"比登天还难"来形容一件很难办，甚至办不到的事。连唐代大诗人李白面对举步维艰的蜀道，也发出了"蜀道之难，难于上青天"的慨叹。然而，伴随现代科学技术的飞速发展，特别是火箭的发明与利用，人类居然敲开了"天堂"的大门，实现了梦寐以求的登天的理想。那么，人类是怎样借助火箭敲开"天堂"的大门，登上天的呢？人类要想乘坐火箭冲出地球，飞向宇宙，必须闯过三关。

　　第一关：我们把一个铁球抛向天空，地心引力会把它毫不费力地拉回地面。要想使铁球不降落回来，就要摆脱地心引力。300多年前，牛顿从理论上计算出，当速度达到每秒7.9千米时，铁球就可以克服地球引力成为绕地球转动的一个卫星，遨游天空。每秒7.9千米的速度，被科学家叫做"第一宇宙速度"。

第二关：继续加大铁球的运动速度，使其增大到每秒11.2千米时，这个铁球就不再绕地球转圈圈了，它会摆脱地心引力而沿着抛物线方向飞出地球。每秒11.2千米的速度，就是"第二宇宙速度"。

第三关：倘若将铁球的运动速度加大到每秒16.7千米时，它就能挣脱太阳系的引力场，沿着双曲线轨道飞出太阳系，真正开始宇宙飞行。每秒16.7千米的速度，也就是"第三宇宙速度"。

只有过了这三关，人类才能最终实现登天的理想。我们聪慧的祖先在发明了火药之后，又发明了古代火箭，一代天骄成吉思汗的威武马队携带着带火药的箭和炸药曾横扫欧亚大陆。第二次世界大战期间，德国人制造的火箭把14吨重的箭体推向80千米的高空，飞越英吉利海峡，把900千克重的弹头打到英国。但这种火箭仅是单级火箭，射程不过320千米左右。20世纪40年代，美国制造出液体燃料火箭，使之具备了现代火箭的雏形。苏联也生产出固体燃料火箭炮，当时风行一时的"卡秋莎"曾使德国鬼子魄散魂飞。1957年10月4日，苏联使用三级火箭发射了人类第一颗人造地球卫星"卫星-1"号，其第三级火箭的时速就达到了2.84万千米，即每秒7.9千米的第一宇宙速度。1961年4月12日，第一艘载人飞船发射成功，苏联宇航员加加林乘"东方"号飞船，用1小时48分的时间绕地球飞行一周，使人类登天的梦想变成了活生生的现实。1969年7月20日，美国宇航员阿姆斯特朗等人乘"阿波罗-11"号飞船登上了月球，从而敲开了宇宙天体的殿门。1981年4月12日，美国"哥伦比亚"号航天飞机首飞成功，标志着人类征服宇宙技术的重大突破，从而揭开了建造"人工天宫"的序幕。相信在不远的将来，人类可以像乘坐公共汽车一样方便，遨游太空，访问其他天体了。

人类飞出地球的速度

004

我们通常乘坐的飞机是在包围着地球的大气里航行的，称为"航空"；在地球大气层以外，太阳系以内的范围内航行，叫"航天"；在太阳系以外的无限空间航行，叫"航宇"。航天和航宇，又统称为"宇宙航行"。

眼下我们乘坐的飞机，只能在大气里航行，哪怕是最先进的飞机，也飞不出地球去。因为现有的飞机翅膀都是靠在空气中运动才能产生升力；飞机上的发动机也要靠空气中的氧气来助燃才能工作。另外，由于地球具有吸引力，它像一条看不见的绳索，牢牢地"拴"着地球上的每一个物体。要想挣脱地球的引力，绕着地球转圈子，不再转回地球，飞机的速度必须达到每秒7.9千米，这个速度叫做第一宇宙速度。如果要飞出地球到其他行星去，所需要的速度还要高，要达到每秒11.2千米。这个速度就是通常所说的第二宇宙速度。目前，飞机的最高时速是3523千米，就是每秒0.98千米，大约只有第一宇宙速度的1/8。如此缓慢的速度是无论如何也飞不出地球去的。那么，什么样的飞行器才能飞出地球去呢？

我们知道，一般的交通工具是利用别的物体的反作用力前进的：汽车利用地面对轮胎的反作用力；轮船利用水对桨叶的反作用力；螺旋桨飞机利用空气对螺旋桨的反作用力。只有火箭是依靠自己喷出的气体所产生的反作用力前进。所以，只有火箭适合做宇宙航行的工具。

但是，把火箭实际应用于宇宙航行并不容易，人们花了50多年的时间，才于1957年发射了世界上第一颗人造卫星，拉开了人类飞出地球进行宇宙航行的帷幕。这是因为需要解决推进剂和火箭的速度问题。推进剂包括燃料和氧化剂。火箭是依靠推进剂燃烧喷出燃气产生反作用力而前进的，因此燃料就必须具有能量高、重量轻、体积小的特点。人们经过长时间的研究，才找到了液体氢、苯胺以及某些能燃烧的金属等许多新的燃料。与此同时，人们还找到了液氧来做氧化剂助燃。

火箭要达到每秒7.9或11.2千米的高速度，靠一支火箭所携带的推进剂是根本不可能的。科学家们进而提出了"接力赛"的办法，于是多级火箭便应运而生了。

多级火箭就是把几支大小不同的火箭依次联结在一起。发射时，首先是最后一级火箭点火燃烧而喷气，把整个火箭送上高空；等到第一级火箭的推进剂烧完了，火箭壳便自动掉下来。同时第二级火箭开始点火喷气，使减轻了重量的火箭得到更高的速度。火箭这样一级接一级开动，速度便越来越高。

目前的巨型火箭都是多级的。有的还在每一级火箭上装了好几台火箭发动机，这样的火箭具有更大的推力，能够达到更高的速度，把更重的物体送上天空。

ok

坐炮弹是不能飞出地球的

17世纪，欧洲有两个人，一个是僧侣，名叫麦尔森；一个是军人，名叫普奇。他们做过这样的试验：把一门大炮端端正正地竖起来，炮筒和地面垂直，炮口正对天顶，他们想，这样打出去的炮弹如果落回来，一定会落在炮筒里；如果落不回来，就说明炮弹已经飞出地球，飞到宇宙空间去了。他们试验了好几次，结果都一样，射出去的炮弹都没有落回来。他们就认为，炮弹的确是飞到宇宙空间去了。

19世纪法国有个科学幻想小说家叫儒勒·凡尔纳，他写了一本小说《从地球到月球》。在这本小说里，他讲了这样一个故事：美国巴尔的摩有一个炮兵俱乐部。有一天，炮兵们产生了一个奇怪的念头。他们想，能不能坐着炮弹飞到月球上去呢？于是他们动手建造一门特殊的大炮。这座大炮口径有3米，长300米。炮弹是铝制作的，弹壳厚30厘米，里面坐了三个人，大炮轰地一声，就把坐在炮弹飞船里的人送到月亮上去了。

麦尔森和普奇的炮弹，真的飞出地球了吗？巴尔的摩炮兵俱乐部的炮弹飞船，真的能飞到月球上去吗？

不，这是不可能的。麦尔森和普奇的炮弹肯定会落回到地面上来，巴尔的摩炮兵俱乐部的炮弹也绝对到不了月球。

我们都有这样的经验：我们尽自己的力量往天上扔石子，不管扔得多高，石子一定会掉下来的。炮弹尽管飞得比石子高得多，最后也还是会掉下来的。那么，麦尔森和普奇为什么没有找到他们打出去的炮弹呢？他们没有考虑空中多少总有些风，会把炮弹吹向一旁；再说，他们的炮筒也不见得和地面完全垂直。炮弹飞得很高，方向稍稍歪一点儿就会偏得很远。所以他们的炮弹一定落到远处的什么地方去了。

为什么石子和炮弹一定会落到地面上来呢？是地球把它们拉回来的，地球有一股巨大的力量，把一切东西都往下拉。这就是地球引力。

地球引力还使从空中落下来的物体越落越快，每过一秒钟，物体的降落速度增加9.8米，所以，一个物体从空中落下来在第一秒钟内落下4.9米；在第二秒钟内，又落下14.7米；在第三秒钟内，再落下24.5米……

同样地，对于正在上升的东西，地球引力也把它往下拉，使它越升越慢，每过一秒钟，使它上升的速度减低9.8米。炮弹刚射出炮口，它的速度大约是每秒钟1千米，以后每过一秒钟，速度就减低9.8米，倘若过了大约100秒钟，它的速度就减到了零。这时候，它就不能再往上升，反而往下掉了，而且越掉越快，最后落到地面上来。

麦尔森和普奇的炮弹的归宿就是这样；凡尔纳幻想中的炮弹、飞船，也绝不可能变成现实。要飞出地球去，必须想办法克服地球引力。这就靠现代火箭了。

"火龙出水" 和多级火箭

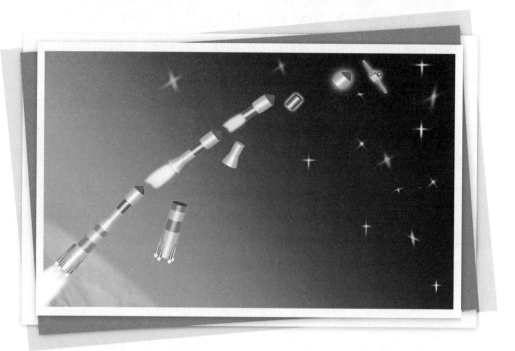

　　300多年以前，我国明代水战中出现过一种叫做"火龙出水"的火箭武器。这是一截中间挖空的竹筒，里面装有古老的火药火箭，竹筒下部也装有火箭，前后装饰着木刻的龙头龙尾。作战的时候，离开水面1米多的地方点燃下部火箭，竹筒靠着火箭的推动，能够在水面上飞越2～3千米远。当起推进作用的火药烧完以后，竹筒里的火箭才接着被点燃，发射出去杀伤敌军。

　　第二次点燃的火箭，因为在发射以前竹筒已经有了很快的速度，所以当射到敌人面前的时候，除掉它本身火药燃烧所产生的速度以外，还要加上竹筒原有的速度，杀伤力就加大了。这实际上就是现代多级火箭的工作原理。单级火箭达不到的速度，多级火箭却能够达到。

　　多级火箭发射的时候，第一级也就是最下面一级先发动，把整个火箭推向空中，并且达到一定的速度。这时候，第一级火箭里的燃料烧完了，它就自动脱落，第二级火箭马上跟着发动，继续把火箭余下的部分向上推，并且继续加快速度。等到第二级火箭里的燃料烧完了，它也自动脱落，第三级火箭马上跟着发动，也继续把火箭余下的部分向上推，并且继续加快速度。如果每一级火箭能够使速度加快每秒钟3千米，那么到第三级火箭里的燃料烧完的时候，余下的部分的速度就达到了每秒钟9千米，它穿过空气层，受到了空气的阻力，速度虽然会减慢一些，但是也超过了每秒钟7.9千米，所以能绕着地球转圈子，不再掉下来了。

多级火箭上面的一级必须做得比下面的一级小得多。例如有一支火箭，它的第三级，也就是最末一级里，装着一个1吨重的宇宙飞船；火箭的外壳和其他装备的重量跟它的运载物——宇宙飞船的重量相等，也是1吨；燃料的重量是火箭的外壳、装备和运载物的重量的3倍，也就是6吨，那么第三级火箭的总重量就有8吨。这8吨重的第三级火箭，就是第二级火箭的运载物，如果第二级火箭外壳和其他装备的重量也和运载物的重量相等，是8吨，燃料的重量也是火箭外壳、装备和运载物的3倍，那么第二级和第三级这两级火箭的总重量就是64吨。而这64吨重的两级火箭，就是第一级火箭的运载物，如果第一级火箭的外壳、装备和燃料，跟运载物的重量的比例不变，那么整个三级火箭就应该重512吨。

要减少各级火箭中燃料箱和其他装置的重量所占的比例，可以从改进设计、材料、燃料等方面想办法。科学家和工程师们在这个问题上已经花了不少心血，取得了很大的进展。

起初，发射一艘5吨重的环绕地球飞行的宇宙飞船，要用一支300多吨重的多级火箭。现在同样重的飞船用150吨重的火箭就能送上轨道，也就是每1千克重量的飞船大约需要30千克重的火箭来送它。

运载火箭

　　我国宋代，就出现了用火药喷射的火箭。明朝发展成火箭笼，一下可以发射100支火箭，那已经是原始的两级火箭了。在距今600多年前的14世纪末期，我国有个名叫"万虎"的官员，曾想把47支火箭同时点着，加上风筝上升力量想飞往天空。虽然这次实验没有成功，但是这是世界上最早的火箭飞行试验。

　　如今，世界上的火箭千姿百态，种类繁多。按射程可分为近程（1000千米以下）、中程（1000～5000千米）、远程（5000～1万千米）、洲际（1万千米以上）。所谓运载火箭，就是用火箭把测试器、人造卫星或宇宙飞船等发射到太空去，或火箭上装上核弹头制成洲际导弹，也可以把核弹头发射到很远的目标。火箭成了运载工具，所以也称这种火箭为"运载火箭"。

　　现代运载火箭，结构庞大，"身材"魁梧，竖立在高大的发射塔架旁，高耸入云。一枚三级运载火箭，有几十万个零件，直径粗达5米以上，长80多米，算起来有18层楼那么高。1979年12月，法国、联邦德国、英国、比利时、西班牙等10个西方国家联合发射的"阿丽亚娜"火箭，是欧洲航天局制造的，这是重型三级运载火箭，高47.7米，重200多吨，火箭的推力为245吨。

为把运载火箭送上太空，在发射控制台上有100多个开关、按钮、指示灯以及指示标图，还有各种跟踪测量设备、高速摄影机、磁带记录仪等记录设备。火箭头部放核弹头、人造卫星或飞船，由推动系统产生推力，飞行控制系统保证飞行和命中目标。发射的时候，第一级火箭先点火发动，使火箭腾空而起，扶摇直上，穿越稠密的大气层；接着第二级点火，燃烧完了又自动脱落；第三级再点火，如同接力赛跑。这样，火箭的飞行速度不断加快，达到每秒7千米以上，射程一般为7000～12000千米以上。

运载火箭之所以飞行速度这么快，射程这么远，全靠高能燃料做推进剂。燃料燃烧时，向后高速喷射强大气流，产生反冲作用而使火箭前进。它自身携带着推进剂，包括燃烧剂和氧化剂，不依赖外界物质而工作。大型火箭一般多采用液体燃料，军用火箭也有采用固体燃料的。液体燃料一般用煤油、液氢做燃烧剂，液氧、液氟做氧化剂。喷气的动能来自推进剂的化学能，所以也叫化学火箭。为了装推进剂，配置有很大的燃料箱。燃烧剂和氧化剂分别贮存在两个燃料箱里，各自通过管子流向燃烧室，混合之后才开始燃烧，其温度可达4000℃以上。由于有了这个推力，火箭就可以在宇宙空间飞行了。

火箭的燃料与速度

制造火箭时，为什么要把它的躯体搞成一个庞然大物？储备燃料就是原因之一。

火箭所使用的燃料有两种：一种是液体燃料，另一种是固体燃料。这里要说明的是，火箭的飞行速度与其本身喷射气体的速度以及燃料都有关系。火箭的飞行速度，取决于火箭本身的气体喷射速度；而气体的喷射速度又取决于火箭燃料的燃烧情况。

人们从实践中得知，要想处理好这些关系，必须解决好"质量比"这一重要课题。

"质量比"又是怎么一回事呢？人们把满载燃料的火箭的总重量与火箭本身的重量的比值，叫做该火箭的"质量比"。当满载燃料的火箭的总重量是火箭自身重量的2.72倍时，也就是说当火箭的"质量比"是2.72

时，燃料经过燃烧之后，火箭的最高速度恰好等于火箭的气体喷射速度。当然，根据火箭所承担的任务不同，"质量比"也可做相应的变换和调整。例如，根据某种需要，要使火箭的飞行速度是它的喷射速度的2倍时，那么，火箭所要携带的燃料的重量就应该是火箭本身重量的6.4倍，也就是说相应的"质量比"是6.4。这时，燃料的重量约占总重量的86.5%。这里反映出事物的辩证关系：适当地增加燃料，可以提高火箭的飞行速度；但是增加燃料，又必须加大火箭本身的体积和重量；而加大了火箭的体积和重量之后，火箭的速度却不会增加太多。

一般火箭的"质量比"常常不超过8。当火箭的"质量比"接近8时，那么，火箭的飞行速度，就将是火箭喷射速度的2倍。例如经常使用的第一级火箭，它的喷射速度是每秒2千米，那么火箭的飞行速度每秒就是4千米；当第二级火箭点燃以后，在第一级火箭每秒飞行4千米的基础上，每秒又增加了4千米的速度，即每秒达到了8千米；当第三级火箭点燃之后，火箭的飞行速度又增加了4千米，这时每秒就可以达到11或12千米了。这正是火箭飞往月球所必需的速度。飞往月球的宇宙飞船为什么一定要用三级火箭来发射？其中就包括了这样一种原因。

多级火箭所以很重，主要是因为它带的燃料多。燃料要是带得不够多，它就不可能产生发射一艘宇宙飞船所需要的巨大的力量。

多级火箭战高温

多级火箭和宇宙飞船怕高温，那么，怎样才能降低多级火箭和宇宙飞船外壳在飞行时候的温度呢？

首先从多级火箭和宇宙飞船的外形上想办法。我们知道，船的头是尖的，这样可以减少水的阻力；飞机的头也是尖的，这样可以减少空气的阻力。多级火箭和宇宙飞船的头部做得太尖没有好处，因为又尖又细的头特别容易熔化和烧坏，所以火箭的头应该做得钝一些。根据同样道理，宇宙飞船的头总是做成圆形的；它的尾部则是一个很平的底面，当它从天外飞进大气层的时候，就用这个底面朝前，顶推气流，把灼热的空气狠命地推开，使飞船接受的热量少，散发的热量大。

为了降低宇宙飞船在冲入大气层时的温度，人们还采用了一种"牺牲局部，保全整体"的办法。在飞船的外面包上一层有意让它烧掉的材料。这种材料受热蒸发和分解的时候，要吸收大量的热量，从而使它们裹着的飞船壳体不致过分变热；另外，这种材料变成的气体，还能附着在外壳表面，形成一层包膜，把飞船和热空气隔开。

还有一种办法可以叫做"收支平衡"。人们在飞船外壳的表面上涂上一种涂料，这种涂料的特性是散热快。温度越高，散出去的热就越多。当飞船外壳表面达到一定的温度的时候，壳体往外散出的热量和吸进来的热量一样多，温度就不再上升。用这种办法可以把温度控制在飞船壳体经受得住的范围内。

多级火箭飞行的时候，不仅外壳的温度会升得很高，动力装置内部的温度也很高，燃料燃烧的时候产生大量的热，使气体的温度达到$2000^\circ C \sim 3000^\circ C$，燃烧室和喷管必须经得住这样的高温。所以人们除了用耐高温的材料来制造燃烧室和喷管外，也要想办法降低它们的温度。人们想出了两种很巧妙的降温办法。

我们知道，一般的动力装置往往用水做冷却液，帮助降温。火箭上不可能带那么多的水，就用燃料来代替水。人们把燃烧室和喷管做成双层的，内、外两层之间有空隙，让燃料从燃料箱流入燃烧室之前先到夹层里去转一转。燃料经过夹层的时候，就从内壁吸走了一部分热量，这样既降低了内壁的温度，又提高了燃料的温度，一举两得。

每个人都有这样的经验，热天出了汗，身体就觉得凉快一些。原来，皮肤上的汗珠蒸发的时候，会带走许多热量。所以人们还在燃烧室和喷管的内壁上钻了一排排极细的孔，夹层中的燃料像出汗一样不断渗入燃烧室和喷管，燃料受热就蒸发，吸走一部分热量，并且在内壁上形成一层气膜，不让高温气体同内壁直接接触，从而保证内壁的温度不致太高。

多级火箭战严寒

　　世界上最冷的地方是在南极。南极年平均气温在 −25℃ 以下，在南极高原内陆极点附近，寒季气温可低到 −72℃。1960 年 8 月 24 日，苏联东方站曾测到当时地球上最低的气温值：−88.3℃。可是，1967 年，挪威科学家在南极点附近，又测得了 −94.5℃ 的最低气温值，从而打破了保持 7 年的最低气温世界纪录。难怪人们把那里称为"世界寒极"。

　　可是，跟月亮相比，地球上的寒极还算暖和的哩！在月亮上，背着太阳那一面的温度，能下降到 −160℃，真是个名副其实的"广寒宫"啊！

　　不过，这还不是最低的温度。在宇宙深处远离太阳的海王星，温度竟低到 −229℃。

　　那么，寒冷到底有没有尽头呢？

　　科学家们从理论上推算出这个尽头是 −273.15℃，叫它"绝对零度"；

人们通常把低于 -272.15℃的温度，叫做超低温。

随着温度的不断变化，物质发生着巨大的变化，出现了许多神奇的现象。

在 -200℃的时候，橡皮口袋会硬得像一面铜锣，敲起来"咣咣"响；鸡蛋掉在地上，会像皮球一样弹跳起来；铁器会变得又酥又脆；焊锡会变成灰色粉末……

多级火箭不但怕热，也怕冷。我们已经讲过，多级火箭常常用液氧和液氢做燃料。液氧的温度是 -183℃，液氢的温度更低，是 -253℃。因此，多级火箭的燃料箱必须经得起严寒的考验。

宇宙飞船也是这样，它在星际空间飞行的时候，朝着太阳的那一面被晒得很热，另外那一面晒不到太阳，温度却会降到 -200℃。

所以说，严寒也是多级火箭和宇宙飞船的大敌。倘若不知道严寒的厉害，糊里糊涂地用铁来做多级火箭的燃料箱，它一下子就冻酥了，多级火箭怎么能上天呢！

于是，科学家们动了许多脑筋，研制成了一些比较不怕冷的特殊合金和一些特别不怕冷的塑料，来战胜寒冷。

科学家们还用真空来隔绝寒冷。例如把燃料箱做成夹层的，像热水瓶的胆一样，这样一来，燃料箱内的液氢、液氧等燃料不会因为受热蒸发，损失太多，同时燃料箱外面的设备的温度也不至于降得太低，不会因受到严寒而冻伤。

多级火箭的盔甲

　　我们都看见过流星，它在天空中一划而过，留下一道耀眼的亮光。流星是在宇宙间游荡的小石块或者小铁块。在铁质流星里，平均含有9%的铁、8.5%的镍、0.5%的钴以及少量的磷、硫、铜、碳等；在碳流星里，平均含有58.1%的氧、16.6%的硅、14.7%的镁、5.15%的铁以及少量的铝、氢、钙、钠、铬、镍、锰、磷、钾、钛、钴等。它们离地球近的时候，受到了地球的吸引，就飞快地落向地球。在穿过大气层的时候，它们同空气发生剧烈的摩擦，因而温度不断地升高，最后就燃烧起来，流星中的铁、镍、钴等与氧气化合后，就变成了灰烬；氧化铁、氧化镍、氧化钴……同时发出一道雪亮的光。

　　多级火箭上升的时候，要穿过空气层，宇宙飞船从天外归来，也要穿过空气层，它们会不会有同样遭遇呢？

会的，就拿宇宙飞船来说吧，它从天外归来进入空气层的时候，速度至少有每秒7.9千米。如果是从月球或其他行星探险归来，速度达到每秒钟11.2千米左右，而且越接近地面，空气越加稠密，宇宙飞船同空气摩擦越加剧烈，它的温度就会越升越高。倘若事先没有防护，它就像流星一样，发出一道雪亮的光，烧成灰烬。

宇宙飞船穿过空气层落到地面上，大约要花半个小时，它如果不烧毁，表面的温度可能达到5000℃。

目前还找不出哪一种材料能够在这么高的温度下不烧毁，也不熔化。钢到1400℃就熔化了。白金到1700℃以上也要熔化。钨虽然要到3400℃才熔化，可是它在空气中很容易烧毁。

于是人们想到了合金。合金是用两种或两种以上的金属熔炼而成的新金属。合金的性质和原来的金属不同，有的会更加坚固，经得住更高的温度。有一种以金属镍为主要成分的耐高温合金，就具备这种性质。

做火箭和宇宙飞船外壳用的材料要求在很高的温度下仍然很坚固，经得住很大的拉力和压力。某些材料尽管很难熔化，但是当温度上升到1000℃的时候，就会变软。用这种材料做火箭和飞船的外壳，在高温下就会变形，甚至发生破裂。因此，即使用耐高温合金做外壳，温度也不允许超过1000℃。所以，光靠寻找不易熔化的材料不是根本的办法，还应该想办法降低多级火箭和飞船外壳在飞行时候的温度。

多级火箭的燃料

020

　　火箭里的燃料点着以后，就会向下喷气。火箭就是靠喷气的反作用力推上天空去的。燃料好，燃料产生的喷气速度就大，火箭反作用力也大，速度就快。所以燃料的好坏，直接影响火箭的速度。

　　对于多级火箭来说，什么样的燃料才算是好的呢？

　　首先，燃料的单位质量发热量要高。燃料的单位质量发热量越高，燃烧时产生的气体的温度就越高，它的体积膨胀就越厉害，从喷口喷出来的速度就越快，产生的反作用力也就越大，因而火箭上升的速度也就越快。

　　其次，燃料的比重要大，换句话说，单位质量的体积要小，火箭用的燃料比重较大，燃料箱就可以做得小一些，整个多级火箭也就可以做得小一些，轻一些。

　　第三，燃料要比较稳定。这就要求燃料本身不容易爆炸，它对燃料箱

和动力装置的腐蚀性要小，燃烧的时候容易控制。

那么，什么样的燃料符合这些条件呢？

早期的火箭常常用火药做燃料。但是发射宇宙飞船的多级火箭不用火药。因为火药的单位质量发热量还不够高，燃烧后气体喷出来的速度只能达到每秒钟1500～2000米。火药还有个很大的缺点，就是它一点着以后，往往在几秒钟之内就烧完了，很不容易控制，不能很平稳地把多级火箭推上天空。

为什么火药燃烧的时候不容易控制呢？

我们知道，燃烧就是剧烈的氧化。燃烧的时候必需有能够氧化的东西（燃烧剂），也必须有供给氧的东西（氧化剂），火箭的燃料就是由燃烧剂和氧化剂组成的。所以火箭的燃料不需要空气中的氧气帮忙，在地球大气层的外面也能燃烧。这就是为什么必须用火箭才能发射宇宙飞船的又一个道理。

火药里，燃烧剂和氧化剂是全部混合在一起的，所以一点着就猛烈地燃烧起来，一刹那间就全部烧完了。固体燃料一般都有这样的缺点，所以不能用于多级火箭。现代的多级火箭都用液体燃料。

现代多级火箭的液体燃料

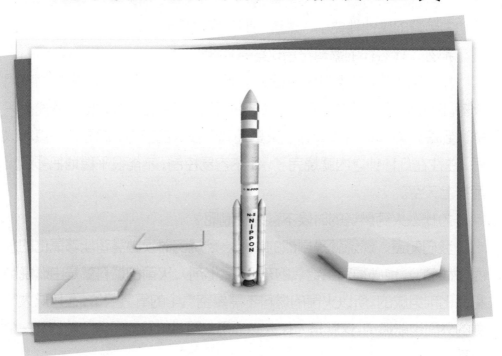

　　多级火箭最常用的液体燃料有煤油和液态氧，偏二甲肼和硝酸，还有汽油和液态四氧化二氮。这里煤油、偏二甲肼和汽油是燃烧剂，液氧、硝酸和四氧化二氮是氧化剂。这三组液体燃料的单位质量发热量都比火药高，喷气速度可以达到每秒钟 2600～2800 米，并且这些燃料容易制造，来源多，价钱比较便宜。

　　现代多级火箭也可以用液氢和液氧做燃料。液氢是液体化了的氢气，液氧是液体化了的氧气，其中液氢是燃烧剂，液氧是氧化剂。

　　液氢有很大的缺点。它的比重太小，只有水的 1/15 左右。用液氢做燃料，需要很大很大的燃料箱，这就增加了多级火箭的体积和重量。另外，液氢温度很低，是 − 253℃，这也给选择贮箱材料带来困难。

　　但是，用液氢和液氧做燃料有许多好处，它们没有毒性，没有腐蚀性，来源多。用它们做燃料，一个最大的好处就是，燃烧的时候产生很大的热量，喷气速度可以达到每秒钟4200米，比普通燃料的喷气速度大50%，所以装同样重量的燃料，液氢液氧火箭比普通燃料所达到的速度大得多。此外，液氢和液氧相遇，容易燃烧，点火方便。发射宇宙飞船的多级火箭，它的末级——第二级或者第三级火箭往往需要间歇工作，用液氢和液氧做燃料容易控制。因为有这些优点，所以发射载人月球飞船和无人行星际飞船的大型运载火箭，它们的第二级和第三级都是用液氢和液氧做燃料。

水是氢的"仓库"，用电解的方法，可以把水中的氢和氧分离出来。如果把氢和氧重新混合燃烧，就会产生3000℃的高温。燃烧后生成的水对人类也不会产生污染，所以氢是最清洁的燃料，氢又是热效率最高的燃料。同汽油相比，重量相等的氢在燃烧后产生的热量多，氢气在空气中燃烧的速度比汽油要快10倍以上。如果以氧作为氧化剂，燃烧得会更快更好，效率会更高。

固体燃料虽然有许多缺点，但是使用固体燃料的火箭，结构比较简单。因此，现在有些科学家还在研究如何控制固体燃料的燃烧速度，并使它能多次启动。人们还在研究固液混合型的火箭，这种火箭使用的氧化剂是液体的，而燃烧剂却是固体的。

一箭送三星

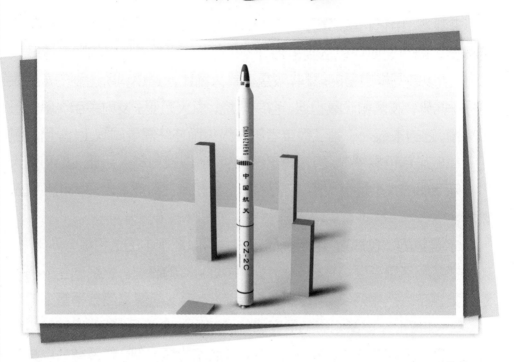

　　1981年9月20日，我国成功地用一枚运载火箭，把一组三颗空间物理探测卫星送入轨道。这样我国便成了继美国、苏联和法国之后，在世界上第四个掌握这种被人称为"一箭多星"的发射新技术的国家。

　　实现一箭多星，有两种方法。

　　一种是把多颗人造卫星一次从运载工具中弹射出去。显然，被弹射出去的卫星差不多会在相同的轨道上运行。为此，只要在一枚运载工具上装入需要送上同一轨道的多颗人造卫星就可以了。

　　另一种是把多颗卫星分别送上不同的运行轨道。携带不同用途的多颗人造卫星的运载工具从地面起飞后，每到达一定高度就在控制系统的操纵下分离出一颗卫星。分离的卫星都会在由它分离时的高度和飞行速度所决定的轨道上运行。

　　我国这次发射的三颗人造卫星的运行轨道大致相同：距离地面最近点为 240 千米，最远点为 1610 千米；运行轨道所在平面与地球赤道平面间的夹角为 59.5 度，它们围绕地球飞行一圈的时间是 103 分钟。

　　这三颗人造卫星，装有10多台探测仪器，它们肩负着测量大气密度、高空磁场、地球—大气系统向外辐射的红外线和紫外线，高空环境中质子和电子的数量及能量、太阳的 X 射线和紫外线等高空物理探测任务。这些探测数据，为我国空间技术的发展提供了空间环境背景资料，也为我国空间物理的研究工作创造了初步条件。

　　这三颗人造卫星进入运行轨道后，无线电遥测系统便开始工作，利用无线电波，连续发送高空物理探测数据和卫星在轨道上飞行时的姿态、星体内部的温度等工程数据，这是"实时遥测"。

　　由于无线电波是沿直线传播的，所以卫星飞离我国上空后，我们便无法接收了。于是，卫星上配备了一套"记忆装置"，能把当时的各种信息记录下来，待卫星飞入我国上空时，再向回发送。因为地面站得到这些数据，是若干分钟以前卫星所测得的，所以称为"延时遥测"。这样，我们通过"实时遥测"和"延时遥测"，就可以获得全球范围的探测数据了。

"空中暗礁"

　　雷电、大风、降水和恶劣能见度，被视为运载火箭飞行的"空中暗礁"。

　　雷电是雷暴云产生的一种自然现象。在夏天常常出现闪电和雷鸣，当雷暴云中正电荷区和负电荷区之间的电场大到一定程度时，两种电荷正要发生中和并放出火花，这种现象叫做火花放电。在火花放电时发出强烈的光，而且在光的通路上产生高温，使四周空气因剧烈受热而突然膨胀，云滴也会因高热而液化膨胀，发出巨大的响声。强烈的光就是闪电，响声就是雷鸣。雷电有时出现在雷暴云内部，有时出现在雷暴云与地面之间。雷电对火箭发射具有致命的危害。竖立在发射塔架上的火箭，高耸突兀，尖圆的箭顶是诱雷的危险物。发射塔架上若没有能完全避雷、消雷的措施，雷电天气火箭很容易遭雷电击毁损坏。在加注推进剂时，雷电还可能引发燃烧和爆炸事件。飞行中的火箭，发动机喷出的高速炽热的锥形烟云粒子流，若与雷暴云接触会构成理想的闪电通道，使火箭飞行器遭到雷击；若火箭进入云中的强电场，还有可能自我触发闪电。

大风也是火箭飞行器的一大克星。当地面风力过大时，竖在发射塔架上的火箭箭体，会受到很大的侧向风力作用，致使火箭摇晃摆动，损坏火箭外壳、卫星和内部设备。火箭升空后，在穿越高空急流大风区时，若风力超过了产品设计的最大抗风能力，火箭就会失去平衡，偏离飞行轨道。

火箭飞行必须有地面跟踪导航，如果云雾低垂、烟尘弥漫、能见度恶劣，地面监视测量仪器就无法正常工作，火箭就会失去控制，甚至失踪。

当然，气温、气压、云量云状、风速风向等气象要素对火箭发射也有着不同程度的影响。

此外，发射火箭时，最好要沿着地球自转方向。发射火箭之所以要顺着地球自转的方向，道理正跟跳远和投掷铁饼一样，因为地球上的物体都随着地球的自转一起转动。根据惯性原理，如果顺着地球自转方向发射火箭，火箭在离开地球时就已经有了一个初速度，这个初速度的大小就是地球自转的速度。当然，如果发射火箭的推力大到足够的程度时，就不一定要借用地球自转的速度。不过，无论从科学上、经济上来考虑，沿着地球自转方向发射火箭，借用地球自转的速度总是有利而无弊。

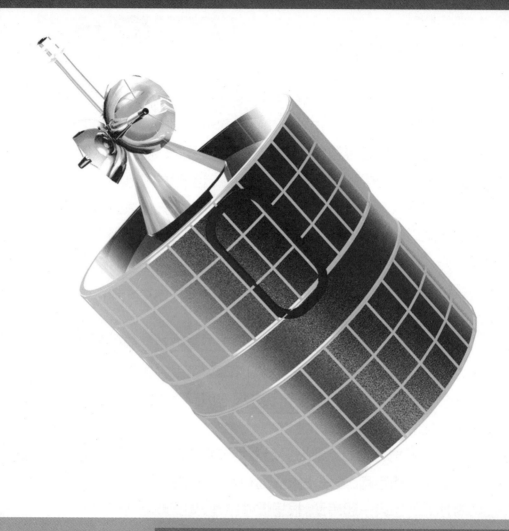

第二章 敲开"天宫"大门的使者——人造地球卫星

　　空间科学技术是围绕人造卫星的应用而发展起来的。浩浩长空,先后有几千颗人造卫星遨游。它们有的来去匆匆,只呆一两天就烧毁或返回地球;有的将长期徘徊在轨道上。它们有的像圆球,有的似圆锥,有的似彩蝶,有的像昆虫,有的像出水芙蓉舒展花瓣……真可谓千姿百态,不胜枚举。

　　有的卫星设计成球形,是因为同样的容积,球形的表面积最小,重量也最轻,可以减小对运载火箭的负荷。而且,球状体承受冲击、加速和振动的能力较强。有的卫星仿照火箭头部的整流罩呈圆锥形,它能最大限度地利用整流罩空间。有的卫星甚至用火箭整流罩做外壳。还有的卫星在空间飞行的姿态是依靠卫星绕自身的某一轴线旋转来定向的,可是多做成直径大于高度的圆柱形、鼓形或扁球形。

　　尽管卫星的用途不同,外形各异,它们的结构大体相似,都由星体、星体内的仪器设备、电源和无线电通信系统组成。

　　由于人造地球卫星运行在大气层外的广阔空间,容易接收来自天体的电磁波,是天文探测和科学实验的理想工具;再加上,它飞行速度快,一天可绕地球运转几圈到十几圈,能够迅速获得有关地球的大量信息,所以人们理所当然地把航天的注意力首先集中于人造地球卫星上。

　　在人造卫星的大家族中,数量最多、成效最显著的成员是通信卫星。

　　早在1945年,英国的著名科普作家阿瑟·克拉克就预言,在离地面约3.58万千米的太空,有一个地方可使人造物体"静止不动"。用现代科学术语来说,他发现了一条对于地球保持"静止不动"的轨道,人们叫它"静止轨道"或"克拉克轨道"。如果人造卫星在赤道上空约3.6万千米高度,自西向东飞行一圈的时间,而且运行轨道与赤道平面的夹角等于零,那么,卫星就像高悬在赤道上空静止不动的明灯。因此,人们称它为"静止卫星"或"同步卫星"。在静止轨道上均匀布置3颗通信卫星,就可以实现除地球两极之外任何地方之间的通信。

　　此外,还有广播卫星、气象卫星、生物卫星、地球资源卫星、军事侦察卫星、天文卫星等等。

卫星的运行轨道

自从人类于1957年10月4日发射第一颗人造卫星以来，各国在3800多次成功发射中，已将约4500多颗航天器送上了轨道，把地球文明送上了月球和火星。那么，细心的朋友一定会问：这些卫星在天上是怎样活动的？什么是卫星的轨道？有几种轨道？

所谓卫星轨道，就是卫星在太空中围绕地球运行所形成的规律性很强的路线。由于火箭的推力作用，航天器的离心力大于地球的引力而冲出地球，成为绕地球旋转的卫星，由于地球引力是不变的，因此，卫星不会跑掉。同时，卫星的离心力也会长期存在，所以也不会掉下来，一直运行到离心力消失。

每颗卫星都被赋予一定使命，完成这一使命就需要有相应的运行轨道。因此，航天专家们便根据卫星所担负的不同任务，确定了多种运行轨道，按形状分有圆轨道和椭圆轨道；按高度分有低、中、高地轨道；按方向分有极轨道和赤道轨道。

圆轨道是指卫星运动的路线与地球的距离相对，即划了一个圆圈，而椭圆卫星轨道则有远地点与近地点。

低地轨道一般是指距地球表面200～1000千米的轨道，高地轨道一般是指离地球大约3.6万千米的静止轨道，1万千米上下的轨道为中地轨道。卫星运行方向一般都是由西向东，沿着纬线的方向，称为赤道轨道。极个别的种类是沿着经线方向即在南北极之间运行，故称为极轨卫星，比如我国1989年发射的“风云-1”号气象卫星，就是极轨卫星。

在各类轨道中，用的最多的是圆轨道。因为圆轨道上运行的卫星相对地球是匀速的，这对于完成各种任务有利。而运用椭圆轨道的卫星，一般是负有某种特殊任务。俄罗斯由于其地理位置靠近北极，沿赤道运行的卫星，对它的大部分领土就看不到，因此便使用椭圆轨道。椭圆轨道卫星在近地点运行快，而在远地点运行慢，因此，让卫星远地点处于北极上空，就能长时间观察到这一地区。

倾角为零的圆形地球同步轨道，称为地球静止卫星轨道。这是一种特定的地球同步轨道，距地面高度约为3.6万千米，卫星在这个轨道上运行速度为每秒3.07千米，绕地轴转动的角速度和地球自转的角速度相等。也就是说，卫星绕地球运行的周期与地球自转周期一致，从地面看，卫星是静止不动的，所以称为静止轨道卫星。发射静止轨道卫星，一般是先将卫星送到近地点200千米、远地点3.6万千米的椭圆轨道，然后，在远地点上按严格计算好的数据加速，不断抬高近地点高度，使椭圆形逐渐变成圆形，再调整修正，使之成为真正的圆轨道。

短暂的卫星寿命

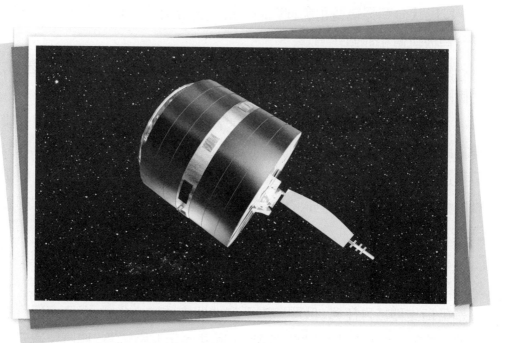

眼下，世界各国已广泛利用同步通信卫星进行电话、电报、传真、广播和电视的传输。

同步卫星就是在地球上空约3.6万千米轨道上的卫星，其运动与地球自转运动是同步的。我们知道，地球自转的周期是24小时，而地球轨道上的卫星，绕地球转动的周期也是24小时，这样，卫星相对地球的位置是"静止"的。这种卫星就叫同步卫星，也叫静止卫星，卫星运动的轨道叫做地球同步轨道。由于同步卫星特别适合用于通信，因此，人们也把这种卫星称为同步通信卫星。

利用同步卫星进行通信，有许多突出的优点：覆盖范围广，人们只要把三颗同步卫星发射到赤道上空的同步轨道上，整个地球（两极除外）都可以收到它们转播的无线电讯号。此外，它通信距离远，通信容量也大，利用同步卫星进行通信，机动灵活，可靠性高，见成效也快……

同步通信卫星从研制、发射、入轨、定点到成为空间中继站，耗资巨大，需要成千上万人通力合作。因此，人们自然期望吉星高照，愿卫星长生不老。然而，自然规律不可抗拒，卫星也有"生卒年限"，影响卫星寿命的因素很多。

机械性损坏。同步卫星位于地球赤道上空约3.6万千米的同步轨道上，经常受到宇宙尘埃、陨石、流星等的冲击碰撞，轻则影响卫星表面的光学性能，使太阳能电池性能下降，重则损坏卫星。

早期夭折。卫星发射失败或入轨不久发生故障夭折，这在卫星通信史上并不罕见。

自然淘汰。有些卫星虽未丧失工作能力，但其通信容量、通信体制已跟不上发展或由于其他原因而被弃用，也就寿终正寝。

人为性破坏。倘若发生空间战争，可通过干扰或空间武器使对方卫星无法正常工作，甚至将其摧毁。在航天技术比较发达的今天，航天飞机既可以在同步轨道上施放卫星，同样也可以击毁、窃取或绑架对方的卫星。

平时所说的卫星寿命，不是指因上述几种"非正常死亡"造成的"短命"，而是指卫星的正常寿命。同步通信卫星的寿命一般可达2～5年，而其设计寿命可长达7～10年。

为什么卫星的寿命只有几年，而不是十几年甚至更长呢？这就需要分析影响卫星寿命的主要因素。主要因素包括卫星上机械设备的磨损、定期调整卫星在轨道上的位置及姿态所需的燃料耗尽而使卫星失控脱轨等方面。但从实践中获知，卫星寿命在很大程度上取决于所用元器件的可靠性。

蝴蝶为控温立下汗马功劳

据16世纪的有关文字记载：有一次法国的第戎城好似被浓密的乌云吞噬了一般，顷刻之间天昏地暗，居民惊吓不已。待到人们清醒过来时，才发现是一个蝴蝶群，也许有好几百万只，从城市的上空掠过。1745年的夏天，千万只白色的粉蝶降落在德国的哈雷镇，满城好像下了一场鹅毛大雪，遍地皆白。在地中海中，一艘意大利客轮上的船员突然从望远镜里发现了一片奇怪的时高时低的云彩，当船驶近时，人们奇迹般地发现，在这远离海岸数百千米的海面上，竟有一大群彩色的蝴蝶在向南方飞行。

原来，这些迁飞的蝴蝶正如候鸟一样，它们追求的是温暖的适宜它们生活的气候环境。冬天往南去，夏天则向北飞。加拿大的动物学家厄克特曾对美洲乳草蝶的迁飞作过长期研究，寻踪觅迹，终于在墨西哥的马德雷山脉的高达3000米的山峰上发现了这种蝴蝶过冬的集中居留地。每年有几百万只蝴蝶在这里越冬。一到夏天，它们又飞到美国和加拿大。这种蝴蝶不仅体形较大，而且身上花纹色彩尤为艳丽，不愧为百蝶之王。人们发现，这种蝴蝶迁飞时，组织性特别强，每天飞行40～50千米，破晓即起，傍晚即歇。有时遇上风暴袭击，也总是极力聚合，不移其志，保持强大的阵容，飞过高山，飞过大海，飞过沙漠，飞向它们的目的地。旅途中，气温变化极大， 它们是怎么应付的呢？原来，蝴蝶的体表覆盖着一层细小的鳞片。每当气温上升时鳞片会自动张开，减少太阳光的辐射角度，减少对阳光的热能吸收，气温下降时，鳞片自动闭合，紧紧贴牢蝴蝶体表，阳光直射到鳞片上，蝴蝶便能吸收更多的热量。这样，即使气温变化较大，蝴蝶也能把自己控制在一个正常的温度范围内。

　　遨游于太空的人造地球卫星，它所处的位置有时受到阳光直射，有时处于地球阴影区域无阳光。当受到阳光的强烈辐射时，卫星温度高达100℃～200℃；如果没有阳光辐射，卫星温度可下降到－100℃～－200℃。为使卫星内的各种仪器、仪表不致烧毁和冻坏，设计人员设计了一种控制系统，有如蝴蝶调节体温的结构一样。控温系统外形宛如百叶窗，每扇叶片的两面，辐射散热能力不同，一面很大，另一面极小，百叶窗的转动部分装有灵敏度很高的热胀冷缩的金属丝。卫星温度上升时，金属丝膨胀，叶片便会张开，辐射散热能力大的一面转向太阳，便于散热降温；温度下降时，金属丝冷缩，叶片便会闭合，辐射散热能力小的那一面便会转向太空，抑制散热，起到保温作用。

通信卫星是全人类的朋友

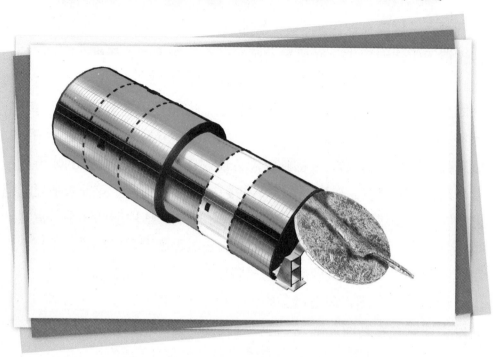

早在1945年，英国著名科普作家阿瑟·克拉克就预言，在离地面大约3.6万千米的太空，有一个地方可使人造物体"静止不动"。用现代科学术语来说，他发现了一条对于地球保持静止不动的卫星轨道，叫做"静止轨道"或"克拉克轨道"。如果人造卫星在赤道上空大约3.6万千米高度，自西向东飞行一圈的时间恰好等于地球自西向东自转一圈的时间，而且运行轨道与赤道平面的夹角等于零，那么，卫星就像高悬在赤道上空静止不动的明灯。因此，人们称它为"静止卫星"或"同步卫星"。在静止轨道上均匀布置3颗通信卫星，就可以实现除地球两极之外任何地方之间的通信。

同步卫星的实现是一项技术复杂的工程。

1960年8月12日，美国发射了一颗用于通信的实验卫星"回声－1"

号。这是一颗无源卫星，重约61.5千克。在它的球形表面上，粘贴着一层铝箔。从地面发射来的电波，可以经它反射后传送到别的地方。由于这种卫星对电波的反射能力很弱，又没有放大作用，因而难以投入实际使用。

1963年2月，美国航空和航天局发射了试验同步通信卫星"辛康－1"号，因无线电设备失灵而失败。其后的"辛康－2"号又未能定点。到1964年8月19日才终于把"辛康－3"号送入静止轨道，它为北美洲和欧洲转播了在日本东京举行的奥运会实况。

在大西洋、太平洋、印度洋上空分布的"国际通信卫星"，正在为近200个国家和地区提供通信服务。

1965年4月，苏联发射了第一颗通信卫星"闪电"号。这颗卫星的飞行轨道比较奇特，呈狭长椭圆形，在绕地球飞行一圈中，大约有2/3的时间位于北半球上空。所以这颗卫星能保证苏联和北半球许多国家在一天内通信8～12小时。

1984年4月8日，我国成功地发射了第一颗试验通信卫星"STW－1"号，4月16日定位在东经125度赤道上空，成为人类在赤道上空悬挂的一盏明灯。庆祝建国35周年，天安门广场上的阅兵盛况就是由这颗卫星转播全国各地的。当时，北京、南京、石家庄、昆明、乌鲁木齐和拉萨都建立了与这颗卫星配网的地面接收站，先后进行了电话、电视、图片传真和数据传输等多种通信。

1986年2月1日，我国发射了一颗实用通信广播卫星，2月20日成功地定点在东经130度赤道上空。它与第一颗试验通信卫星相比，在技术上有新的改进，效益也大大提高。这颗通信卫星的定点成功，不仅为现代通信提供有效而可靠的手段，也反映我国航天技术的新成就。

ok

前程似锦的卫星通信

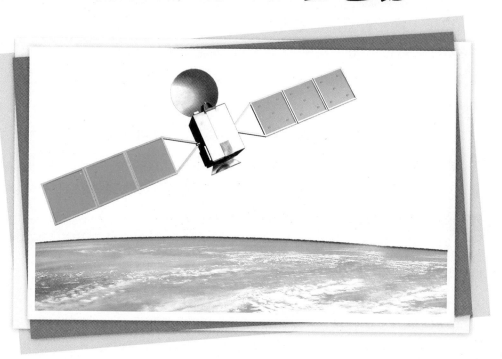

　　卫星通信为实现迅速、有效、方便、经济的通信这一人类的理想，架起了金色的天桥。位于地球同步轨道的通信卫星，可以中继地面站间微波信息，单颗卫星几乎就可以连续覆盖半个地球。在同步轨道上合理地布置三颗卫星，就可以为地球上有人居住的全部地区提供通信服务。美中不足的是，由于空间技术的限制及空间运输费用昂贵，同步通信卫星主要是进行长途服务，连接有限多个大型、固定的地面站。因此，具体的通信，还离不开地面的通信网络。

　　随着航天飞机投入商业营运和各种新技术的应用，卫星通信将有更大的发展。未来和过去相比，在卫星和地面设备的尺寸和复杂程度上，将会有个"颠倒"。过去是卫星尽可能简单，天线直径小（约2米），发射功率低（每条信道仅2～20瓦），而地面站往往具有数十米直径的大天线和高功率的发射机，结构复杂，价格也很昂贵。今后的趋势是，发射重达数吨的巨型卫星，设置直径达几十米的大天线并扩大其发射功率，装上微电子处理设备和复杂的网络开关，最大限度地降低对地面站的功率和天线尺寸的要求，从而使地面上为数众多，尺寸足够小，功率特别低的"地面站"之间，通过卫星实现微波通信。其最终目标，就是将卫星通信变成个人通信的一部分。

这种设想很快就可以实现。根据美国宇航局研究，在不久的将来，美国将有很多人用上普通手表大小的无线电话，通过一单个大型卫星与身在遥远地方的对方进行直接的通话，而不再经过邮电局。据说，这种卫星的轨道重量为 7264 千克，电源功率为 21 千瓦，卫星上配备有 67 米直径的大天线。手表式无线电话由一微电子芯片、一个直径约6.5毫米的蓄电池、一根短截交叉偶极子天线或隙缝式天线、LED显示器和一些控制器组成。这种无线电话，如大量生产的话，造价很低，话费也很便宜，甚至低于现有长途电话的费用。这样，报警、经商、救急等等，就将以最及时的速度发出信号，即时地得到响应和支持。城市警察将得到一种适时、可靠、抗干扰的个人通信手段，以确保人身安全和灵活机动。在抢险救灾时，手表式双向两用机可以在救灾人员之间相互通话并与指挥中心进行联系，使得灾区的紧急事态得到快速有效的解决。

采用大型多波束天线卫星与大功率天线、传真电话、数据传输、电传打字机等终端设备相连接，可以建立一个国内和国际卫星通信的附加网络，直接面对小型天线用户而不再求助于大型地面站，从而使情报传递更迅速，服务更直接，使全世界的情报资源得到最及时、最充分的利用。

此外，人们还设想了许许多多的卫星通信应用领域，如全球性搜索与救援、飞机船舶导航及边境监视等。

给通信卫星插上"翅膀"

　　人造卫星上装有多种电子仪器设备。能否正常地向这些设备供电，是关系到卫星成败的重要问题。初期发射的人造卫星，一般都用化学电源。但是，卫星因受重量限制，化学电源有限，一旦没有电，卫星就要停止工作。通信卫星要进行电视、电报、电话、传真等工作，对电源的要求是大功率、长寿命、高可靠性、轻重量和高效率。

　　太阳能是取之不尽，用之不竭的。一年当中太阳放出的能量为：2.8×10^{30}千卡，其中大约只有二十亿分之一的能量辐射到地球。太阳能在近地空间中每平方米约有1.4千瓦，在晴天时地面上每平方米约有1千瓦。随着科学技术的发展，人们利用硅、硫化镉光电转换特性，把太阳能直接转变成电能，在近地空间每平方米太阳能电池能获得1千瓦功率，在地面可得到100瓦的功率。自1957年10月4日成功地发射人造卫星以来，太阳能电池成为最主要的空间电源，并且得到了迅速的发展。

从已发射和正在研制的通信卫星来看，所选择的电池均为太阳能电池。开始人们把太阳能电池贴在卫星的表面上，接受太阳光照射后，就可以把太阳能转变成为电能。卫星靠自旋稳定，太阳能电池轮流受太阳光照射，只有一半电池能有效工作，这样安装利用效率很低，这种方式可能得到的功率范围是50～1000瓦。

随着空间技术和电子技术的迅速发展，利用同步轨道卫星进行电视和语言广播已成为现实，要求功率必须大于10千瓦，但卫星本体表面积太小，所能提供的电能不够用。后来人们终于想出个妙法，在卫星身上伸出几个贴满太阳能电池片的大翅膀，这些大翅膀就是太阳翼。太阳翼的主要性能指标是重量比功率，即每千克的瓦数，目前世界水平重量比功率达到每千克70瓦，正在研制的发电能力为85千瓦以上的太阳翼，重量比功率达每千克700瓦。

为了研制输出功率达千瓦以上的轻重量级太阳翼，人们已经提出了几种不同类型的设计方案，其中包括折叠式刚性太阳翼、折叠式半刚性太阳翼、折叠式柔性太阳翼、卷式柔性太阳翼等。卫星发射时，将贴着太阳能电池的刚性底板若干块折叠起来，卫星入轨后利用某些伸缩机构而展开。它的制造比较简单可靠，收藏时也能提供一些功率，但重量比功率大。卷式柔性太阳翼被贮藏在一个圆筒里，待到同步轨道时，可通过伸缩机构或气动驱动管机构开展，它收藏体积小，重量比功率小，输出功率大，是有发展前途的一种太阳翼。

通信卫星的发射

042

卫星通信是一个庞杂的工程，它包括卫星、运载火箭，发射、测控、地面接收等系统。

要将通信卫星送入地球同步轨道，并在轨道上保持精确位置，一般要经历四个阶段：发射、转移轨道、飘移轨道和同步轨道阶段。运载火箭的任务是将卫星送到一个大椭圆的转移轨道上。

发射通信卫星通常运用多级火箭，采取多次变轨的方案。比如，欧洲航天局研制的大型"阿丽亚娜"运载火箭，是一个三级液体火箭。起飞重量约207吨，最大直径3.8米，最小直径2.6米，总长约47.4米，火箭起飞推力为250吨。它的一、二子级采用可贮存的常规推进剂，氧化剂是四氧化二氮，燃烧剂是偏二甲肼，三子级采用液氢、液氧低温推进剂。它具有运载能力大的优点，但由于液氢、液氧的沸点低（液氧-183℃，液氢

—253℃），给火箭设计带来了困难，涉及到低温推进剂箱体的绝热技术，氢氧发动机设计和试验技术，密封与安全技术。

发射通信卫星对卫星发射场要进行选择。卫星的任务不同，对地理条件要求也不同，一般要利用地球自转速度。在发射地球同步通信卫星时，为了尽量减少修正轨道倾角所花费的能量，发射场选在低纬度比较有利，沿发射方向要求没有障碍物，要划定安全区域，还要求气象条件好，运输方便，电波干扰少，通信线路有保障。发射场由测试、发射、指挥、测控、通信、气象、技术勤务等系统构成。运载火箭与卫星在发射场要进行各种单元与综合测试，要进行推进剂加注。运载火箭发射后，还要进行对二级火箭的跟踪与测量。

地球同步通信卫星的发射，受各大小系统和多种因素的限制，如姿态测量与控制，能源、温度控制等，因此，必须适当地选择太阳、地球和轨道三者之间的相对位置，确定有利的发射时刻，这种最有利的发射时机通常叫做发射窗口。每天有两次发射窗口，每次30分钟至2小时，具体时间随着卫星发射场的位置和轨道而有所不同，对发射时机有严格的要求。为此，要对卫星、运载火箭的地面测试与发射，测控站及有关系统进行组织协调，统一指挥，科学决策，只有这样才能按时保质地发射出去。

在火箭发射过程中比较关键的是三级火箭第二次启动和关机控制，即火箭连同卫星从转移轨道到飘移轨道的变轨控制，以及远地点发动机点火控制。变轨控制能否实施，直接关系到通信卫星发射的成败。

为了随时了解卫星在空间的位置和它的工作状况，就要求地面跟踪、遥测、遥控系统高精确、高可靠。要按发射任务设立一定数量的测控台站或测量船。

ok

实现卫星同步

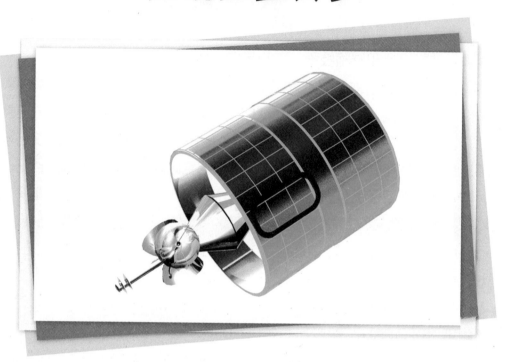

044

　　同步卫星的公转周期，跟地球的自转周期完全一致，它跟地面上的某一点步调一致地绕着地球的中心转动。为了使卫星达到这种"亦步亦趋"的状态，发射技术比其他卫星的发射要困难得多。请想一想吧，要把几百千克重的卫星送到3.6万千米的高空，又要使它按照人类的意志跟上地球的步伐，进入规定的轨道，那该有多麻烦啊！可是，别以为一旦把它运上预定轨道就能一劳永逸了。发射难，要使卫星长久地在轨道上保持同步更难。因为除了卫星内部的因素以外，外部"世界"影响卫星运动的因素还有很多很多。

　　说起来，在那茫茫太空，应该是阒无气息的真空。实际上，那里除了流星和宇宙光外，还存在着一些比原子还小的粒子，它们同样会对卫星产生极小的阻力。不仅如此，连太阳也会捣乱它的步伐。天文学家指出，除了光和热以外，太阳还会不断地发射出一些粒子流，叫做太阳风。太阳风的作用力虽然不算大，却也足以使彗星的尾巴弯曲。这些阻力会使卫星慢慢地飘离原来的轨道。为了让卫星保持准确的姿态，科学家们想了许许多多的办法。

最简单的办法是从自行车的原理发展而来的。你一定看到过，自行车只有两个轮子，静止时光靠这两个轮子是"站不住"的，可是当人们骑上自行车前进时就不会再摔倒了。显然，旋转的物体稳定性好。人们设计火箭的时候，有计划地作了安排，使它在发射到第三级时，火箭将带着卫星一起旋转，它转速大约在每分钟10～100转之间，这就叫做自旋稳定。为了让通信卫星的天线能够始终对着地球，就把天线部分设计成单独反方向旋转，这样，就能抵消卫星自旋的影响。

这种方法虽然解决一些问题，但毕竟太简单，而且还有危险：一旦自旋速度变慢，卫星就会"性命难保"。于是人们又提出了另一个方案，这个方案是从杂技演员在旋转平台上的表演得到启发的。当表演水流星节目的演员站在旋转平台上时，演员的身体会随着水流星的转动，不由自主地跟平台中心一起朝着相反方向旋转，物理学上把这个原理叫做动量矩守恒。人们在人造卫星内三个互相垂直的轴上都装上飞轮，用马达来带动，如果要求卫星反方向转动，只要使飞轮加速就行了。反过来，要使卫星顺向转动，就应该使飞轮减速。很显然，这个方法比单纯的自旋稳定要容易控制得多了。

近来，又出现了一种更好的喷气控制方法。它是在卫星的不同部位上装上喷气发动机，用喷气时得到的反作用力来保持卫星的正常轨道和准确姿态。

实现全球性电视转播

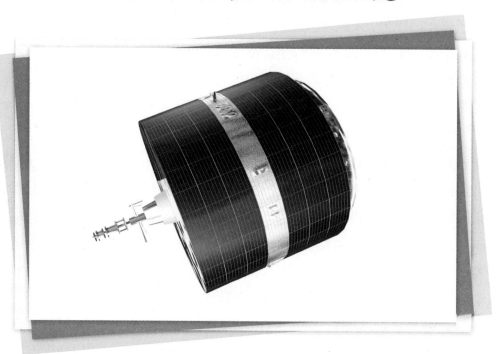

　　晴朗的夜晚，可以看到亮晶晶的人造卫星在天空中徐徐移动。恒星和行星的运动，用眼睛在短时间内是分辨不出来的，所以看到天空有移动的亮点，人们就能认定它是人造卫星。

　　人造卫星是不是非移动不可呢？其实不然。有一种人造卫星就是停留在空中不动的。人造卫星动与不动，是根据它们的任务确定的。

　　到目前为止，天空已有几千颗人造卫星在环绕着地球运行。它们担负着各种各样的任务，有的收集气象资料，有的探测矿藏资料，有的侦察敌情，这些卫星都必须在运动中完成它们的任务。但是有的任务，如转播电视节目，就要求卫星相对静止在固定的位置上。这是由无线电波的传播特点决定的。

　　大家知道，无线电波的传播是走直线的，它虽然有较强的穿透力，能通过墙壁传播到房间里来,使我们在室内也能收听广播节目,收看电视节目。不过它在穿透障碍物的时候,强度会大大减弱,所以在深山老林很难收到无线电信号。要让无线电波在转播中不受任何阻挡,就得把发射点架高,发射点越高,无线电波就传播得越远,所以通常把发射点设在铁塔的顶上。可是铁塔的高度总是有限的,最好的办法是把无线电波送到人造卫星上去,由人造卫星上的转播站再向地面转播。用这个办法就可以让很大一片地面都能直接收到无线电波。

如果在地球的周围均匀地发射三颗卫星:卫星Ⅰ、Ⅱ、Ⅲ,当无线电波直接传到卫星Ⅰ时,由卫星Ⅰ传播出的无线电波不但可以直接传到1/3地面上的A区,而且能传播到卫星Ⅱ和卫星Ⅲ。经过卫星Ⅱ和卫星Ⅲ的转播站,1/3地面的B区和1/3地面的C区都可以直接收到转播来的无线电波。这样一来,地球表面上的任何地方都能接收到同一个发射点发出的无线电波了。全球性的电视节目转播就是这样实现的。

假如这三颗人造卫星和一般的人造卫星一样,也绕着地球转,那样卫星Ⅰ转到0点看不到的地方,从0点发出的无线电波就不能直接传到卫星Ⅰ,全球的转播系统就被破坏了。所以担任全球性电视节目转播任务的卫星必须相对静止在固定的位置上。这种在地面上看起来固定不动的卫星,叫做"同步卫星"。所谓"同步",就是说它和地球赤道在同一个平面内,和地球在相同的方向上,用相同的角速度(单位时间内所转过的角度)运动着。这种卫星专门用来作无线电通讯和电视节目的转播,所以又叫"通信卫星"。

要使人造卫星相对静止在固定的位置上,从理论上讲并不难,只要让它绕地球转一圈正好用一昼夜的时间,使它的走向和地球的自转方向一样,使它和地心的连线在赤道平面内。这样卫星对地球就是相对不动了。

卫星通信的优点

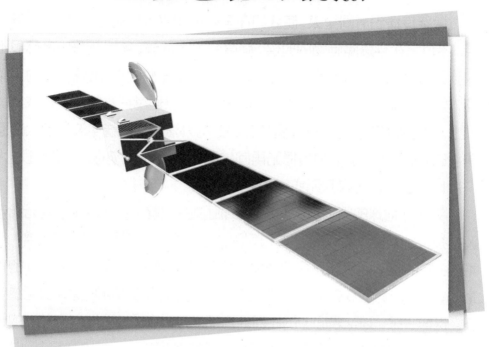

通信卫星是应用卫星的一种。地面微波远距离通信的中继转发站，除具有人造卫星一般分系统设备外，还装有通信转发器、对地姿态稳定控制、对地定向天线、卫星位置保持等分系统设备。

一颗静止卫星可覆盖地球表面约40％以上地域。如果在静止轨道上以120度的经度间隔配置3颗卫星，就能达到除两极区外的全球覆盖，从而实现全球无线电通信。

从1962年美国第一颗通信卫星问世以来，全世界已发射了近700颗各种类型的通信卫星，其中地球静止轨道上的静止通信卫星，已经挑起了国际电信和电视转播的重任。

卫星通信优点很多，概括起来主要是：远、多、好、活、省。

"远"是指它的通信距离远，"站得高，看得远"。从离地面3.6万千米高的静止卫星上可"看"到地球最大跨度达1.8万千米，这相当于由300多个中继站组成的微波中继线路所能提供的距离，它可实现覆盖区内任意两点间的通信。

"多"是指它的通信路数多、通信容量大。一个现代通信卫星带宽可达几百兆赫，可携带十几、二十几个转发器，可提供成千上万条话路。

"好"是通信质量好，可靠性高。卫星通信的传输环节少，不受地理条件和气象的影响，可获得高质量的通信信道。

"活"是指运用灵活，适应性强。它不仅能实现陆地任意两点间的通信，而且能实现船间、岸船间、空地间的通信。

"省"是指卫星通信的成本低，即比生产同样容量、同样距离的其他通信设备（如电缆、地面微波系统）所耗费的资金要少。卫星通信系统的造价并不随通信距离增加而增加。随着设计和工艺的成熟，成本将逐渐降低。

近年来新发展起来的广播卫星，是一种专门用途的通信卫星。以往接收卫星上的电视信号时，都要经过地面站收转，而如今利用广播卫星后，省去了地面站这个环节，用户只需要小口径的天线，就可以直接接收广播卫星上传下来的电视节目了。

卫星通信技术的出现和日趋成熟，打开了洲际通信的新局面，引起了现代通信体系和电视广播的深刻变革。今后，必将更加广泛地得到应用。

卫星通信的"死角"

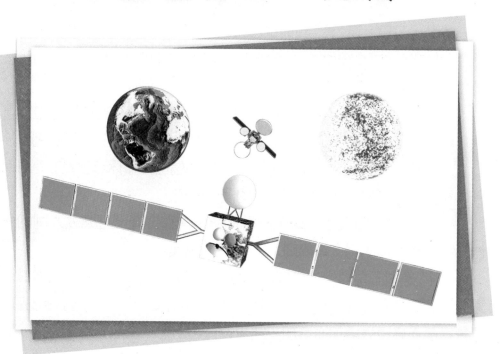

　　通信卫星上装有由接收和发射设备组成的转发器，将收到的信号经放大、改变频率后发射给地面。如用3～4颗对地静止轨道上的卫星组网，可实现全球范围实时通信。

　　卫星通信是现代最先进的通信手段。它居高临下，视野开阔，只要在它的覆盖范围以内，不论距离远近，都可以通过它转发电报、电话、电视、广播和数据等无线电信号，故人们称它是"全天候通信"。但是，卫星通信并非十全十美，也存在不足之处。据科学家观测，在卫星通信系统中，地球上不论哪个地面，每年都要遇上两次接收信号的中断现象。这种信号的中断是太阳造成的。科学家们称它为"日凌中断通信"。大家知道，通信卫星是在赤道上空约3.6万千米的地球同步轨道上运转的，而地球与同步轨道上的卫星又一起围绕太阳旋转，转一圈为一年；卫星又与地球的自转同步，转一圈为一天。因此，在一年中便会形成太阳、卫星和地球三者运行在同一条直线上的现象。这时，地面站的天线不但同时对着卫星，也同时对着太阳。太阳是一个非常强烈的干扰源（噪音），而卫星上发射的信号与之相比较，是十分微弱的。这样，我们需要接收的信号被掩没在太阳引起的噪音之中，使地面站的通信中断，形成了卫星通信无法逾越的"死角"。

卫星通信的"日凌中断"现象，每年要发生两次：一次在春分前后，一次在秋分前后。每次持续的天数和时间，根据各地面站的地理位置和天线大小而不同。一般情况下，地面站所处的纬度越高，天线直径越小，持续的时间就越长。据有关资料介绍，上海卫星通信地面站的天线直径是30米，纬度是31度，遇到"日凌中断"一年有两次，每次约持续5天，每天持续时间约5分钟。

"日凌中断"引起的通信失灵能否避免呢？到目前为止，世界各国在卫星通信系统中解决"日凌中断"的唯一措施是：根据卫星所处的位置，地面站所处的经纬度数，天线工作时的仰角、方位角等数值，预先计算出每个地面站出现"日凌中断"的具体日期和时间，使重要的业务通信联系尽量避开"日凌中断"时间。我们深信，随着通信事业的发展，科学家们必将会找到圆满解决它的途径。那时，卫星通信将更是锦上添花了。

微波通信与卫星通信

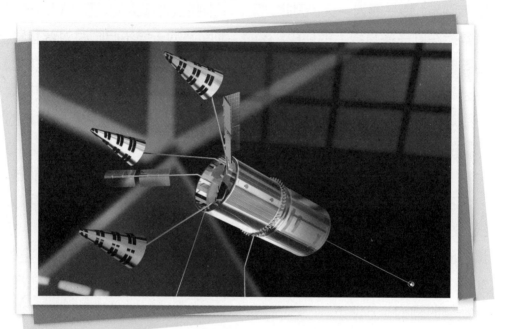

　　微波通信是在无线电通信的基础上发展起来的一种新的通信技术。它的容量大、质量高，可以长距离传送电视、电话、电报、照片、数据等各种通信信号；还有投资省、建设快等许多方面的优点，因此，它已成为现代化通信的一个重要组成部分。

　　微波是一种波长不到一米，有的只有几厘米或几毫米的无线电波，有像光一样的特性。微波可以利用聚光灯的原理，用抛物面天线把电波集中成波束发射出去，传向远方。但是微波和光一样，方向性虽然很强，如果被山头挡住，远处就收不到信号，只有电波可以直接"照射"到的地方，才能收到信号，因此微波通信有时也叫"视距通信"。为了解决长途通信问题，每隔一定距离就要建立一个微波接力站，接收前方送来的微波信号，加以放大，传送下去，因而微波通信又叫"微波接力通信"或

"微波中继通信"。一般微波接力站之间的距离平均约50千米左右。微波通信必须采取接力的方式，这是它的一个重要特点。由于微波波长很短，它的频率就非常高。普通短波电台频率约为几兆赫，而微波频率，往往有几千兆赫，甚至几万兆赫。这样高的频率，不但不会受到雷电、电焊，或电气机车等的干扰，通信中杂音很小，质量很好，而且由于频率高，频带也就宽，所以一个微波机可以传送数百个乃至上千个电话以及远距离传送彩色电视节目。微波通信容量大、质量好，这是它的又一个重要特点。

微波电路的建设不受地形的限制，对于湖泊、大江、高山都可选择合理地形穿越而过，实现通信。它也不受冰凌、大雪、暴雨等恶劣气候的影响。因此，微波通信可以适应各种现代化通信的需要而得到广泛发展。

在微波通信的基础上，随着空间技术的发展，出现了卫星通信的新技术。实际上卫星通信相当于把一微波接力站上升到高空，使地面上的两个微波地面站可以通过卫星的接力作用实现远距离通信。现在使用的同步卫星，高度大约为3.6万千米，它绕地球运转的周期正好和地球自转的周期一样，因此在地面上看起来，卫星像是静止不动的、与地球"同步"。这样的卫星装上必要数量的微波收发信机，便可使很多微波地面站通过卫星的转接而实现相互通信。

除了通信卫星外，还出现了电视广播卫星，对广大地区群众的文化生活和电视教学发挥了巨大的作用。

让通信卫星坐上航天飞机

　　发射通信卫星的难度比较大。第一步，由火箭把卫星发射到离地面200～300千米的圆形低空环球轨道上；第二步，当卫星飞到赤道上空时，末级火箭点火，把卫星推离低空圆轨道，进入椭圆轨道并向远地点飞行；第三步，当卫星飞升到远地点时，地面遥控远地点发动机点火，把卫星推入离地面3.6万千米的圆形轨道；第四步，地面遥控卫星的动力装置校准同步轨道平面，使之和赤道平面完全重合，即进入静止轨道；第五步，当卫星在静止轨道上飞到要定点的位置时，控制卫星飞行速度使其达到每秒3075千米，即达到它绕地球角的速度和地球自转的角速度同步，实现同步运行。

　　航天飞机是兼有航空和航天功能的空中运载工具，利用助推火箭垂直起飞，然后启动轨道飞行器进行轨道航行，返回地面时滑翔降落。可以

重复使用。

　　航天飞机是载人飞船技术、运载火箭技术和航空技术综合发展的产物。在航天飞机进入轨道后，利用末级火箭就可以把通信卫星送入地球同步轨道。

　　用航天飞机发射通信卫星，显然比仅能使用一次的运载火箭优越。这是因为一架航天飞机可以重复使用100次以上，能大幅度地降低发射费用。据估计，它把每千克有效载荷送进同步轨道的代价，只相当于大力神Ⅲ运载火箭的1/6。其次，提高了发射通信卫星的可靠性。用大力神Ⅲ运载火箭发射卫星的平均可靠性仅90%左右，即发射10次就有1次失败；而航天飞机是一种有人控制的空间运输工具，其发射卫星的可靠性可达98%。而且，航天飞机有一个较大的货舱，可容纳较大（最大直径可达4.6米，重可达5吨）的通信卫星，从而放宽了在尺寸和重量上的限制。利用火箭发射通信卫星，卫星功率一直受运载火箭的可用空间所限制。而有了航天飞机，便可安装具有更大功率的可伸展的太阳能电池帆板，通信卫星的功率基本不受限制。此外，还可以利用航天飞机安装大型而复杂的天线系统，因此，今后可以在同步轨道上部署多天线通信卫星。

　　航天飞机还可以在同步轨道上装配空间通信中心，各种不同用途的天线将按一定的间距分别安装在允许射频穿透的构架周围，执行各种通信任务。它将对未来人类通信产生深远的影响。

拥挤不堪的同步卫星轨道

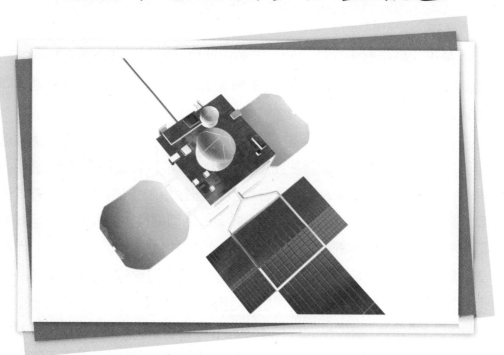

　　在同步卫星发射技术尚未被人们掌握时，也许谁也没有想到，在那浩瀚的太空中，会出现卫星轨道拥挤的问题。然而自从各国竞相发射同步卫星以后，卫星运行轨道的拥挤就暴露出来了，而且成了当前一个重要的国际问题。

　　同步卫星与普通人造卫星是不同的。普通人造卫星在空中有无限多个运行轨道，在那无垠的太空中，卫星相撞和相互影响的几率几乎为零，所以也就不存在轨道拥挤问题。但是同步卫星可不同，它位于地球赤道上空约3.6万千米的地方，其运行轨道在地球赤道的平面内。卫星绕地轴运动的周期恰好等于地球自转周期，也就是说同步卫星绕地球圆形轨道飞行一周的时间与地球自转一周的时间相同，也就是24小时。卫星与地球同步转动的结果，使地球上的人观看卫星时，就好像它是固定在空中静止不动的，因此同步卫星位于地球约3.6万千米的高空，当它进行通信时，不仅可以覆盖地球对卫星的很大区域，而且可以进行24小时的双边或多边通信。假如有三颗这样的同步通信卫星，就可以进行全球性的通信了。

正因为同步通信卫星有着这些优点，所以各国竞相发射。

那么，在同步卫星轨道上，是否可以置放任意多的同步卫星呢？不行！因为沿赤道平面，围绕地球一周等于24小时的同步卫星轨道上相邻两卫星之间，应离一定距离。根据国际电信联盟规定，使用C波段（3900～5850兆赫）进行通信的同步卫星之间应相隔4度以上；使用KU波段（12 500～18 000兆赫）进行通信的卫星，必须相隔3度以上，只有这样才能保证通信时互不干扰。由于围绕地球一周为360度，因此如果以3度间隔计算，同步轨道只能容纳120颗卫星，如以4度间隔计算，则只能容纳90颗，而现在同步轨道上的卫星已超过100颗，所以轨道上已十分拥挤。在这些卫星发射时，苏联和美国等国借助技术上的优势，抢占有利位置，从而使卫星在轨道上的位置分布也很不均匀。例如在美国、加拿大等美洲国家地区的赤道上空，卫星十分密集。目前，日本、印度等国也在大力发展和加快同步通信卫星的发射；不少中小国家也纷纷制订委托其他国家发射同步卫星的计划，以便在轨道即将"客满"以前，能占据一席之地。所以同步轨道中卫星的"满员"只不过是时间问题罢了。

同步卫星的葬身之处

058

　　在太空中运行的人造卫星，一旦燃料用尽或者发动机出故障，就得坠落到地球上。一般来说，人造卫星在穿过稠密大气层时，因为与空气摩擦，大部分在空中燃烧殆尽，这才使居住在地球上的人们稍稍可以放心。但是像1983年坠落的苏联"宇宙-1402"号核动力卫星就不然，因为带有放射性物质，弄得全世界惶惶不安，人们为可能引起的放射性污染忧心忡忡。

　　与此相比，在赤道上空约3.6万千米高度的同步轨道上运行的同步卫星，就不用担心会坠落到地面上，究其原因是运行轨道高，一般是在400千米高度运行的人造卫星的90倍。那么同步卫星一旦燃料用尽后，将葬身在何处呢？

　　要回答这个问题得从同步卫星的特征谈起，所谓同步卫星是指它的飞行速度为每秒3075千米，与地球自转的速度差不多，飞行的方向又一致，因此从地球上看，它老是定在某一点"静止不动"（为此人们又称它为静止卫星）。但是，实际上它并非"完全静止"，还是不时有点移动。为了让它老是在某一点上，人们必须从地球上发出指令，启动装在卫星上的轨道修正推进器，将它拉回到原来的位置。所以当卫星推进器的燃料用尽时，卫星在太空各种力的作用下将离开轨道面。

当卫星运行到某一点时，卫星受到地球的椭圆轨道的突出部的引力作用，这个引力分解为一个拉回（向心）力和一个使卫星飞出轨道的离心力。由于后者的方向与卫星的运行方向一致，使卫星产生加速度，结果卫星向同步轨道的外侧飞去。这个外侧轨道半径比同步轨道大，周长也长，卫星运行一周需要比24小时更长的时间。这样，从地球上来看卫星的运行渐渐变慢了，最终集结在椭圆轨道短轴的一侧B点。

当卫星运行到相交的一侧时，卫星在椭圆轨道的突出部分的引力作用下减速，卫星进入同步轨道的内侧。这个内侧轨道半径较之同步轨道短，结果卫星运行一周用不了24小时，从地球上看来卫星运行较地球自转速度快，最终卫星集结到圆轨道的短轴的另一侧A点。

因此，同步卫星的葬身之处有A、B两个地方，人们称它为"卫星的墓地"。它所在地球上空的位置，分别是印度半岛南端科摩林角的南印度洋上空（东经76.8度），以及南美加拉巴哥群岛以西的东太平洋上空（西经108.1度）。

不过，所有寿终正寝的同步卫星并非直达"墓地"，这是因为在3.6万千米的高空没有空气阻力，所以卫星速度不会降下来。结果是卫星通过"墓地"，尔后又折回原来的位置，就这样以"墓地"为界，如此永远来回摆动，成为一个流浪汉。

ok

卫星通信地面站

　　在很远处，我们一眼就看见了那高达十几米的碟形天线，直指蔚蓝的天空。这里就是国内卫星通信网络的中央枢纽站——北京卫星通信地面站。

　　自从1984年4月以来，中央广播电视系统的彩色电视节目和语言、音乐广播节目，每天都从这里发射到卫星上去，转播到各地。同时，开通了好几个方向的数字电话。根据社会和用户的需要，也可以传输电报、电传、传真以及各种数据，并且可以提供报纸版型的传真信道，发播标准时间、频率等。

　　通信卫星在3.6万千米的太空，是怎样实现通信的呢？从广播电视中心和长途电信局传来的信号，首先通过微波或电缆线路送到地面站的输入终端，经过调制、变频、放大，经由天线发向同步通信卫星。通信卫星实质上就是高悬在天空中的微波接力站，它像一面镜子，反射着来自地面的微波束，转发给各地面接收站。与此同时，天线将接收到的经由卫星转发下来的信号，输入到地面站的接收系统，经过放大、变频、解调后送入输出终端，再通过电缆或微波线路送到各收信用户。这样就完成了卫星通信的一个过程。

卫星通信是20世纪60年代兴起的一门新技术，它与普通的通信手段相比较有哪些特点呢？我国是一个960万平方千米的大国，要实施远距离通信，单靠铺设电缆和微波接力受到很大的限制。就拿传输电视来说，一座大型电视发射台只能覆盖几十至几百平方千米。如果要及时地传输中央电视台的节目，那就必须在全国各地每隔50千米左右设一微波接力站，或要铺设数百万千米长的载波电缆网。可以想见，如果要把北京和全国各地的电视台联成网，那么耗费时间、人力、物力、财力将是多么巨大！但是有了通信卫星，就可以覆盖全国甚至地球1/3的区域了。一颗卫星的传输距离最大可达1.8万千米，通信容量可达数万路双向电话，而且具有很强的灵活性，只要在卫星覆盖区内，任何地方都能收到卫星转发下来的电波，四面八方的卫星地面站，都可以相互进行通信。同时，由于卫星通信中转环节少，信号传输质量稳定可靠。正因为如此，许多国家都在竞相发展卫星通信，并广泛应用于国际、国内的电视、广播、通信、军事、海洋、气象等各个领域中。

卫星通信已成为近年来发展最快、最受欢迎的通信手段。国际上已经建立起“卫星电视会议”系统，有的国家还开办了卫星电视学校。人坐在家里，就可以与千里、万里之外的同行一起会谈，交换批改文件，甚至在远隔重洋的两国间进行“国际象棋对弈”或“电视游泳比赛”。

广播卫星

　　在人造卫星的家族中，有一员新秀——广播卫星。它是在通信卫星的基础上发展起来的，也可把它看成是一种专用的通信卫星。广播卫星发射的功率特别强，一般都在100瓦以上，而通信卫星转发器的输出功率一般为5～10瓦。因此，用户可以直接接收广播卫星转发的电视节目，不必经过卫星地面站接收、处理，再由电视台播放。所以广播卫星也叫电视直播卫星。

　　1974年5月，美国发射了世界上最早的实验广播卫星，用来对阿拉斯加等边远地区播放电视节目。

　　苏联北部濒临北冰洋，有辽阔的苔藓、森林和草原，永冻土和冻土地带分布很广，在这样严酷的条件下建立卫星地面站很不方便。为了电视转播问题，苏联于1976年10月26日发射成功世界上第一颗实用型电视广播卫星"荧光屏"号，覆盖面积约占苏联国土总面积的40%，可传送一路彩色电视，供单位或家庭接收。由于卫星发射电视信号的功率大，因而寿命较短，半年到一年就得更换一颗卫星。尽管卫星的价格昂贵，可是比在渺无人烟的地方建立卫星地面站要合算得多。不过，由于"荧光屏"号卫星的大功率信号对地面通信的干扰较大，所以只适于广漠的西伯利亚地区使用，还不能算合格的广播卫星。

1984年1月23日下午4时58分，载有世界第一颗电视广播应用卫星的三级火箭，从日本西南端种子岛火箭发射场腾空而起。27分钟后，卫星与最后一级火箭脱离，顺利进入环绕地球的转移轨道。这颗被命名为"百合花－2A"的实用广播卫星，面向日本本土，以单个家庭为接收对象，可同时转发两套电视节目。卫星信号对地面通信干扰较小，可以在人口稠密的市区收看。在"百合花－2A"出故障而失效之后，日本于1986年2月又发射"百合花－2B"来接替它。这种卫星的发射成功，引起世界范围的广泛注意，许多工业发达国家都紧接着宣布要加速发展广播卫星。

卫星直播电视，彻底抛开了卫星地面站、微波中继网和电视转播台，采用普通的家用电视机，可直接接收卫星转发的电视。其方法是，在卫星上装载功率较大的电视发射机，采用大直径的窄波束定向天线，把大大加强了的波束能量集中于既定的服务区域，从而有效地提高了该地区的电波强度，使得普通的家庭用户，采用廉价的接收天线就能收看卫星直接转发的电视节目。每个电视用户只要在屋顶安装一个直径约为1米的抛物面天线，一直对准卫星即可。这个天线将收到的微波信号会聚到焦点，然后再经过特殊的管状电路，传送给变频器，再经变频、放大和解调后，输入电视机。

数字卫星广播

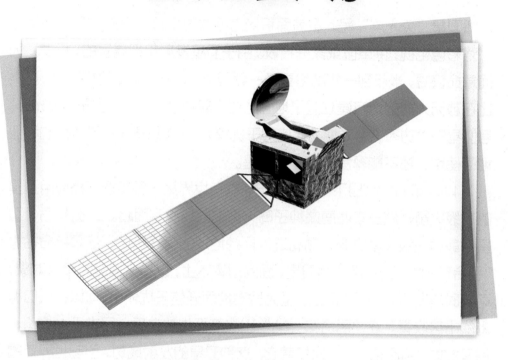

064

　　美国正朝着数字卫星广播新时代迈进。以最先进的数字形式进行直接卫星传输，将越过地面的电视台和有线系统，覆盖整个美国和加拿大的部分地区。

　　数字卫星系统将使美国人领略到科学家设想的丰富信息技术。每个人只要有一个适当的卫星接收天线，就能接收150个频道的电视节目。数字卫星系统将通过这些频道，提供各种娱乐、文本信息和教育节目服务。这个系统基本上是从现在流行的卫星接收器演化而来的。观众无需加入任何有线系统网或者将电视机对任何地面电视发射台调谐，就可以接收到中继卫星传来的信号。新的数字卫星系统的接收天线很小，直径只有46厘米，价格也较低。此外，新系统传输的图像质量大大优于以前的任何传播形式。其图像之清晰和轮廓之鲜明，只有视盘可与之媲美。这个新系统是通过数据压缩来达到巨大的节目容量的，这是电信技术中一项新的创举。

数字卫星系统扩大了节目容量，使其能够除了播放通常的有线电视节目外，还能提供全新的服务，其中一项是"空中视频商店"。这套系统能够播放空前多的电影，而且在好几个频道同时播出一部电影，但开始的时间不同。在屏幕上可以调出选择单，这个节目单是按照惊险片、戏剧片、喜剧片、古典片或外国片分类的。然后，观众可以把选择的种类与理想的开始时间键入一个遥控器中。通过电话线路把这个订单传送到设在科罗拉多的中心站，中心站将通过电话线路再向电视机传回适当的数字指令，使观众选择的节目能按时出现在屏幕上。这个自动控制系统还能自动记账。由于数字卫星系统能传输高清晰度图像，这个系统还适于电子文本的发行，人们还可以通过遥控器订阅文本。使用一台一流的电视机，就可以清楚地显示每行最多达 80 个字母的画面。

在最初阶段，数字卫星系统仅仅提供 75 个频道，其余 75 个频道在发射第二颗卫星之后开播。

直接卫星传输是否将最终取代有线电视尚难预料，因为这个新系统也存在缺陷。一个局限是它很不适用于所有地区，比方说，在美国南方需要优质的接收设备才能看到清晰的图像。另一个局限是，一些主要的电视网为了保护下属机构的利益，将不参加该系统的节目播放。

气象卫星

在人造地球卫星的家族中，气象卫星也是为人类做出了重要贡献的一员。在地球表面约有80％的地区不便于人们直接进行气象观测。气象卫星视野广阔，能昼夜巡视，而且数据汇集迅速，从而有效地弥补了常规气象观测的不足。

1960年4月1日，美国发射世界上第一颗试验气象卫星"泰罗斯"号。

1966年2月3日，美国发射了世界第一颗实用气象卫星"艾萨－1"号，此后又发射了"诺阿"号和"雨云"号系列卫星。

施放气象卫星的主要目的，是探测高层大气的结构和成分；探测宇宙线、太阳辐射与太阳的微粒发射在高层大气中的性质和作用以及电离圈的情况；观测高层大气中地球磁场的情况；从很高的高空向下观测云雨风暴等情况……

高层大气的结构和成分，包括温度、密度、气压等随高度而改变的情况，过去是只依靠一些高空极光、流星等现象来推测的，有了人造卫星就可以直接测量了。

宇宙线、太阳辐射与太阳微粒是影响高层大气和低层大气的重要因素。大气的温度、成分、运动、水汽分布以及最低的10千米以下的大气内天气的变化，都与它们有关。高层大气是宇宙线、太阳辐射和太阳微粒喷射进入地球的门户，知道了它们在高层大气中的性质和作用，就可以知道高层大气是怎样影响低空的天气变化的，这就有利于进一步探索天气变化的规律，能更准确地预报天气。

电离圈主要是太阳辐射造成的，它的存在对中短波无线电波的传送很有关系，因为它能反射无线电波。但是过去由于探测它时所用的电波是发自地面的，所以在400千米以上的外电离圈的情况，是无法知道的，有了人造气象卫星，就可以从上向下发射探测电波，了解400千米以上的大气电离情况。

高层大气中，存在许多带电粒子，有些是从地球大气以外进入的，有些是大气受到宇宙线、太阳辐射和太阳微粒的作用而产生的。地球本身像一个大磁铁，这些带电的微粒受到这个磁铁的影响，在高层大气中发生一定的运动。

天气变化往往从云的变化表现出来，人造气象卫星飞在地球大气内一切云层的上面，它可以由上向下探测很大范围的云况，并把它们拍出照来，这就弥补了从地面观测云的缺陷，再与地面观测结合更有利于天气预报。

据报道，自20世纪末21世纪初开始发射的新一代欧洲气象卫星，除了提供有关世界气候变化的重要信息外，还能准确地预报一个月的天气。

卫星云图可以预报传染病

近年来，美国宇航局与医学专家联手开创一个新领域，即利用卫星云图预报疾病，主要是传染病，并建立一个卫星保健与航天航空相关的技术中心。

用卫星云图预报疾病的理论基础是地貌流行病学。病原体及携带者一般生活在可以鉴定的环境中，借助卫星、飞机或高空气球拍摄下高分辨率的图像，记录下反射光的特性，以此与已有的传染病资料相结合可预报某一地区发生特定传染病的可能性，其正确率接近80%。该中心对莱姆病、霍乱、黑热病进行了深入的研究，取得了一定的成果。

莱姆病最主要的传播者是蜱。研究表明，绿色植物较多的住宅区居民发病率较高。现已确定纽约附近有350个易感区域，并建立了一个预报该病的数据模型。医学专家可据此通过数据库找到某些人群的准确位置，

并利用该数据模型得出发病的危险程度。

霍乱属国际检疫传染病，美国马里兰生物技术研究所专家用空间技术对霍乱发病规律进行长时间的研究。他们对1992～1995年的资料研究，发现孟加拉霍乱的流行与孟加拉湾的水温、水位密切相关。尤其是水温，水温上升发病率随之上升，只是发病时间推迟一周左右。水位下降，海水溯流而上波及范围小，发病率也低。这是由于温水使浮游植物大量繁殖，为霍乱菌繁殖提供了条件。他们还对海水浊度等与发病率相关的内容进行了研究。这项技术将有助于霍乱流行的早期警报，从而让人们对饮水采取有效的预防手段。

黑热病是一世界范围的传染病，其传媒有白蛉和蚋。研究者用卫星拍摄了巴西感染区内狗和人在城市分布情况的图像，对其分析比较研究发现，林木面积大、住房密度低的地方发病率都高。哈佛大学公共卫生学家指出，该病常集中在植物的"绿色走廊"和城市相连接的城市区域。森林中的狐狸等动物可能是蚋的宿主。这改变了人们一直认为狗是主要宿主的观点。

有关研究人员认为，这是一项涉及多学科的工作，现在处于起步阶段，应积极鼓励医学专家利用这一技术。

在21世纪初，医学家可能会像气象学家根据卫星云图预报天气一样来预报疾病流行的趋势。

太空天气的预报

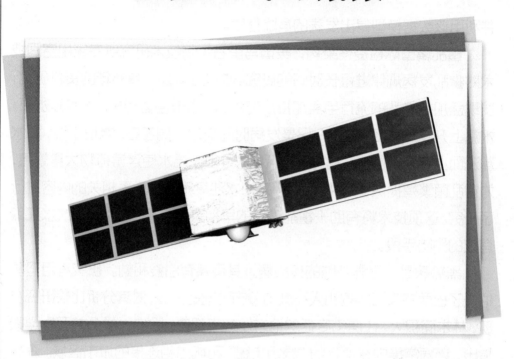

070

　　万物生长靠太阳，太阳的阳光是地球上一切生命的泉源。但太阳有时也会"发脾气"，成为令人头痛的灾星。

　　仰望太空，并非空无一物，而是一个充满了等离子体、能量极高的宇宙线粒子、辐射带粒子、各种波段电磁辐射等的空间，这一切都源于太阳。太阳是一个能量输出不断变化的天体，在可见光波段虽比较稳定，但在其他波段，特别是在紫外线和 x 射线，其输出可有数量级的变化。有时，太阳会在一秒钟内把百万吨的带电物质，以每秒近千千米的高速度抛向地球，这就引起了地球上空的太阳风、磁层、电离层和热层状况的强烈扰动，于是这被称之为太空天气的多变，给地球造成了许多灾难。

　　太空天气的恶化会导致卫星失效或坠落、地面通信中断、导航定位不准、输电网等技术系统受到损伤。如 1989 年 3 月 3 日凌晨，加拿大魁北克省在90秒钟内大面积突然停电，直接损失1000万美元，原因为太阳所致。在卫星故障中，大约有40％与灾害性太空天气变化有关。十几年前，我国的"风云-1"号气象卫星，也因受到太阳粒子撞击而提早失效。此外，恶劣的太空天气也可能会损坏宇航员乃至人类的身体健康。美国"阿波罗"号飞船的宇航员，在一次飞行中，眼睛出现闪光感，专家们认为这可能是宇宙辐射的高能粒子作用于视网膜引起的生物效应。宇航员在航天中接受的辐射剂量多少还和轨道高低有关。轨道高，接受的剂量大，轨道低，接受的剂量小。如美国"天空实验室"空间站内的宇航员比苏联"礼炮"号内的宇航员接受的剂量要多。有人认为，宇宙辐射对宇航员身体健康的伤害，可能成为人类长期在空间生活的重要障碍之一。地球上许多自然灾害也可能与太空天气有关，人类许多高科技领域的发展正面临着来自太空天气变化的严重威胁。

太空天气学，就是研究和预报太空灾害性天气变化的规律，避免或减轻太空灾害性天气，可能给人类造成的巨大损害和严重威胁。

美、日等国，早已着手于太空天气学的研究，但因太空灾害性天气的预报既相当困难又十分复杂，目前仅相当于20世纪50年代地球气象预报的水平。我国是个空间大国，太空天气学的研究也不应是空白。可以预料，只要不懈地努力，明天太空天气的灾害预报，也会像今天预报寒潮和台风一样准确，为人类作出新的贡献。

卫星发来臭氧图

　　在距离地面20～25千米的范围，有一层臭氧层。臭氧层是人类和其他生物的保护伞。因为太阳在给予地球光和热的同时，也射来了大量足以杀死一切生物的紫外线，幸亏臭氧层具有吸收庞大数量紫外线辐射的本领，成了一顶擎天大伞，抵挡住了大量紫外线辐射，才使地球上的生物免遭杀身之祸。当这顶保护伞被戳破之后，到达地球表面的紫外线数量就会大大增加，强烈的紫外线可使人们皮肤癌、白内障等疾病的发生率增加，使农作物减产，影响幼苗生长，对整个地球生态环境造成严重的影响。

　　长期以来，人们已认识到人类活动使大气中某些化合物浓度增加，并干扰了臭氧的生成，使地球上空的臭氧总量发生了变化。据科学家观测，自1979年起，南极上空春季臭氧浓度大幅度下降，出现臭氧层"空洞"……

那么，究竟是谁把这顶人类的保护伞戳破了呢？这得归罪于人类自己。近些年来，全世界的汽车每年排出的两亿多吨一氧化碳、5000万吨碳氢化合物，以及同温层上飞行的现代化大型喷气飞机排放出来的大量一氧化氮、二氧化氮，特别是近50年来广泛使用的氟利昂，消耗了臭氧层的大量臭氧，破坏了臭氧层。

看来，随时掌握地球大气层里臭氧分布的详细情况，是非常必要的。一颗美国新卫星现在正不断地向地面送回地球大气层里臭氧分布的详细图像。这是全球性臭氧图。科学家们认为，这些图将为预报地球上的气候变化提供新的资料。臭氧是氧的一种形式，它在大气中流动。科学家们认为臭氧的运动受高空急流的影响。所谓急流就是指具有巨大威力的高空旋转气流。急流通过之处常常引起火山爆发或带来暴风雨，所以知道了臭氧的运动规律就可以了解到急流的变化情况，并由此来拯救无数生命和财产。以前美国曾发射了不少卫星以测量臭氧的运动，但其轨道都太低，只能探测到地球上空很小一部分的臭氧分布。后来发射的"动力探险-1"号卫星，它每隔20分钟发回一幅臭氧分布图，这样就可以获得数小时内臭氧分布变化情况。科学家们根据电视屏幕上的臭氧图就能够掌握臭氧层的破坏情况，动员全人类保护它；及时发现高空急流的行踪，从而及早发现暴风雨的形成。臭氧图对飞行员也很有用。飞行员常常要选择有利的航向，让高空急流作用于机尾，使飞机飞行速度加快而节省燃料。高空急流运动的资料使飞行员能更容易地找到和跟踪高空急流。

地球资源卫星

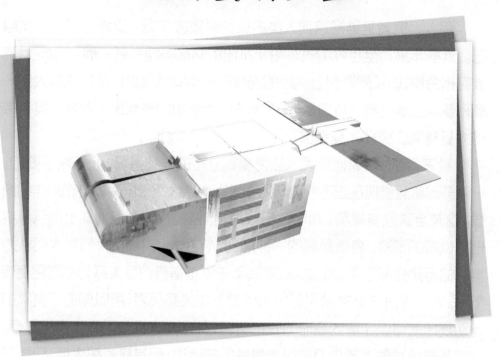

074

　　在南美洲北部，有一条世界上流域面积最广、水量最大的亚马孙河，全长6400千米，流域面积705万平方千米，位于赤道附近，终年雨水充足，炎热潮湿。其中森林密布、野兽出没的地区就有500万平方千米。若用人工对这一区域进行勘测，估计需上千人工作百年以上。

　　1972年7月23日，美国发射了世界上第一颗地球资源卫星——"陆地卫星-1"号。它很快就测出亚马孙河流域的地形、土壤、植被、森林、地质、矿藏……甚至还发现了一条过去不知道的、长几百千米的亚马孙河支流；利用"陆地卫星-1"号照片，在玻利维亚发现了世界上最大的锂矿；在阿拉斯加发现了新油田；在南非发现世界了最大的镍矿；在埃及沙漠发现了大型铁矿；在干旱的埃塞俄比亚找到了淡水源200多处……

　　地球资源卫星每天能绕地球飞行14圈。它能够飞越高山峡谷，俯视荒漠旷野，到达冰川极地以及湖海孤岛上空，居高临下，"阅尽人间春色"，并每隔18天送回一套全球的图像和数据。又由于它配备了"多光谱扫描仪"这副"千里眼"，对地表和地表以下一定深度内的物质状况具有独特的"洞察"能力，在国民经济各领域里获得极为广泛的应用。

传统的地质勘探，是由人跋山涉水，用锤子敲打岩石样品，用放大镜经反复观察，才能完成。而地球资源卫星的勘探活动，不受地理条件的限制，可以深入到勘探队员难以进入的深山老林中勘察、探测，绘制出条形矿脉图，判明地质结构，探出各种矿物石油的矿迹。

也可以利用地球资源卫星来研究土地使用情况，进行土地规划；还可通过它测量积雪覆盖状况和冰河移动状态，计算泛区大小及其造成的危害程度等。加拿大利用卫星图片勘测了北冰洋的冰情，为船队开辟了新航路。地球资源卫星还可以帮助人们迅速掌握江、河、湖、海的面积、水量、水质、水温等各种资料，还能为寻找地下水提供重要线索。

据统计，世界上目前绘制的地图中有70%的资源是不充分的，30%的资源已经陈旧。如果用地面或航空摄影测定的方法更新地图，将花费巨大的人力、物力；而且有些地区不能达到而成为空白。现在应用资源卫星，可以在18天内扫描全球一遍，测绘的情况大大改善。以往测绘一幅需要10年时间才能完成的地图，现在用卫星只要十几分钟就可完成。利用卫星图片与本国地图相比，还可以发现遗漏掉的小岛和湖泊。如伊朗发现地图上漏掉了几个湖泊。

世界各地每年发生森林火灾多达20万起，损失资源约1‰，近年来用卫星进行探测，预防火灾十分有效，甚至对树下有人吸烟这样的火源都能测出。为了扑灭和控制森林火灾，又从卫星图片上研究辨识雷暴雨，研究人工降雨，用以防火、灭火，保护森林资源。

预警卫星

在数万千米的高空，预警卫星是怎样准确无误地发现洲际导弹的呢？这要从导弹是怎样暴露自己的谈起。

导弹发射都是用火箭发动机推进的，由于它用的燃料燃烧温度高达36 000℃～37 000℃，因而能辐射出强烈的红外线。预警卫星就是用一种能探测红外线的"感觉器官"来发现洲际导弹的。

预警卫星观察洲际导弹并不能像人眼看东西那样看到导弹的实体，而只能看到导弹发动机喷出的尾焰。然而，在自然界能辐射强红外线的东西很多，如高空云层反射的阳光，地球上的森林火灾，炼钢厂的火光等，如果看到红外线就认为是洲际导弹，那真是"草木皆兵"了。所以，目前预警卫星上的红外检测设备都非同一般。它是利用大气层能吸收波长为2.7微米的红外线的特点，来发现敌人偷袭导弹的。它的检测设备，专门能看波长为2.7微米的红外线。导弹垂直起飞时，导弹以及地球上一切物体辐射的2.7微米红外波全被大气吸收了，这时预警卫星什么都看不见。可是导弹一飞出大气层，预警卫星就会迅速感觉到导弹的红外辐射，"报告"有导弹发射了。

导弹飞出大气层后，由于失去了大气压力，尾端的体积迅速膨胀，形成一条长1.5千米的明亮光带。针对这一情况，人们在预警卫星上还加装了一台电视摄像机。当卫星上的红外检测元件发现导弹发射时，电视摄像机也就发现了导弹尾焰显现的亮点。红外检测元件和电视摄像机这样互相佐证，就减少了虚警，提高了情报的可靠性。

可是，导弹发动机关车以后，导弹借助惯性在空间沿弹道自由飞行，直至再入大气层，它不再喷射高温尾焰，导弹本身变为常温物体，预警卫星就无法探测了。为了弥补预警卫星这一缺陷，目前人们正在研制两种新探测设备。第一种叫"凝视"型红外探测器，它由几百万个能检测各种较强红外线的元件组成，所以地面上所有近似导弹尾焰的红外光源它都能看得见。探测导弹时，几百万个检测元件各自负责盯住（凝视）地球表面一小片地区，只要某地区有较强的红外辐射，相应的检测元件就能感受到，并发出信号。导弹是高速运动的，会使一连串的检测元件依次发出信号。计算机根据那些敏感元件发出的信号及其发出的时间，就可能推算出导弹飞往哪里，弹着点在何处。据说，如果采用适当的红外元件，连贴近地面飞行的巡航导弹也能探测到。第二种叫长波红外探测器。导弹发动机关车以后，变成常温物体的导弹，辐射的是长波红外。利用长波红外探测器不仅可探测到它，而且可以跟踪它，直到它再入大气层。所以，随着科学技术的发展，人类一定能准确、及时地预报洲际导弹的发射和它的落点，这就有可能阻止它给人类制造灾难。

ok

雷达卫星

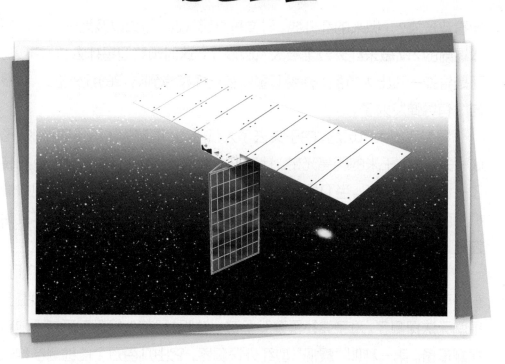

　　海湾战争中，美国"长曲棍球"雷达成像卫星表现出非凡的"眼力"，全天候、全天时撩开了伊拉克军事目标的"面纱"，使其塑料飞机、模型导弹原形毕露。

　　目前，大多数对地观测卫星（包括侦察卫星）是用机械式多谱段扫描仪、电荷耦合器件阵列、电视摄像机和专题绘图仪等可见光和红外遥感器，对目标观测、拍照获取地球目标辐射和反射的多种图像信息。卫星在获取信息后交送给地面接收站，地面接收站根据事先掌握的各类物质的波谱特性对这些信息进行处理和判读，从而得到各类资源和军事目标的特性、分布和状态等数据资料。这些资料对地球资源的利用和开发以及迅速发现军事目标极有帮助。然而，可见光、红外光雷达在云、雨、雾、黑夜等恶劣气候情况下变成"近视眼"，甚至对那些经过伪装的目标更是"视而不见"。

雷达卫星上的"火眼金睛"是由雷达测高计、雷达散射计和合成孔径雷达组成的。它们和地面上使用的雷达相似，是通过无线电波测定目标位置和有关参数的，可不受地域、天气条件的限制，能在各种天气条件下昼夜对地面大范围地区长期探测、监视和侦察，获得时效性强的信息。

雷达测高计主要用于大地测量和海洋观测，可测量卫星对海面的平均高度，从而获得地球的基本形状、扁率和重力场分布等参数。雷达散射计是一种用来测量海面或地面散射回波信号功率的雷达，它所测定的散射系数主要决定于被测表面粗糙度。因海风影响海面的粗糙度，故散射计可间接测定风速和估计方向。合成孔径雷达是利用雷达与目标的相对运动，把尺寸较小的真实天线孔径用数据处理的方法合成较大的等效天线孔径的雷达。它的特点是分辨率很高，能全天候工作。美国"长曲棍球"雷达卫星就采用微波技术，通过计算机对伊拉克伪装目标的散射特性进行了分析。

值得一提的是雷达卫星可观测海底地貌的起伏和发现潜水艇。

正是因为雷达卫星有上述许多优越性，所以受到世界航天大国的"宠爱"。1991年4月4日，苏联发射了第一颗准实用"钻石"雷达卫星，其主要载荷是一台合成孔径雷达，能拍摄地面20～30千米范围的照片，分辨率为15～30米。该卫星每天拍60～80幅雷达照片。这些照片对地质、绘图、生态、海洋、农业等研究很有用，也能监视雪崩、洪水、森林火灾。

性能最好的法国雷达卫星将在21世纪初"亮相"。它采用两种扫描方式工作：一是快速扫描方式，分辨率为40米；二是用聚能法，可观测地面30千米范围，分辨率为3.5米，具有拍摄主体照片的能力。它的主要任务是拍摄地面和植被照片，观察冰川和受灾地区。

间谍卫星

080

苏联宇航技术发展史有几页只有很少的人知道，多年来被打上"绝密"的封条。其中一页是代号为"天顶"的间谍卫星开发计划。

建造人造地球卫星（包括军事卫星）的主张，在制造能够将仪器送上轨道的运载工具之前就提出来了。当时，火箭载着科学仪器和动物已经能垂直发射到100、200、500千米的太空，火箭制造和宇宙航行专家、总设计师科罗廖夫院士明白，实现他的理想只差一步。科罗廖夫等人认为，宇航学的发展有两个方向：纯科学的和军事的。

1954年5月20日，苏联政府做出秘密决定，开发射程7000～8000千米的洲际导弹。当8K71导弹还在图纸上设计时，5月26日，科罗廖夫致信中央，提出研制卫星，认为如果考虑到新导弹的能力，这项任务十分现实。但他没有得到支持。

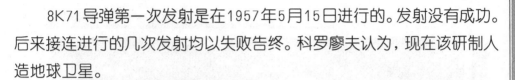

　　8K71导弹第一次发射是在1957年5月15日进行的。发射没有成功。后来接连进行的几次发射均以失败告终。科罗廖夫认为，现在该研制人造地球卫星。

　　科罗廖夫致信科乐德什院士，请他游说军方和政府支持研制卫星。信中没有直接提出从太空进行侦察的事，但这一想法相当清楚："……有能力研制人造地球卫星……能够制造一种仪器从卫星上对地球表面进行摄影，得到的照片可满足各种需求……"

　　利用太空服务国防的想法吸引着总设计师科罗廖夫。他常同军人接触，他知道，实施这种构想相当困难，但能够实现。只需要有关方面的支持和兴趣。他的意见最终被采纳了。

　　经过两年的研制，1962年4月26日，第一颗间谍卫星隐藏在"宇宙-4"号内发射升空。它飞行了三昼夜，发回了有价值的照片。

　　人们明白了，借助航天技术可以进行摄影侦察和无线电技术侦察，从轨道上发现位于卫星控制区的防空、导弹防御和太空防御雷达所在地，以及测定弹道导弹发射坐标。

　　第一颗定向卫星在技术文献中的代号为"天顶"，装备有三架照相机，一台地形测绘仪器和无线电侦察仪器。焦距1米的照相机物镜确保了在180千米的摄影带内（轨道高度为200千米）照片分辨率为10～12米，每架照相机的胶片储备足够拍摄1500张照片，进行连拍。拍完的胶片用回收设备同照相机一起送回地面。

　　因为"天顶"是绝密卫星，在上面安装了自动销毁系统，以防出事故时，超前脱离轨道或者遇有其他突然情况时进行销毁。还安装了特殊的"情报保护"设备和易于在降落区域寻找回收设备的仪器。

军事星

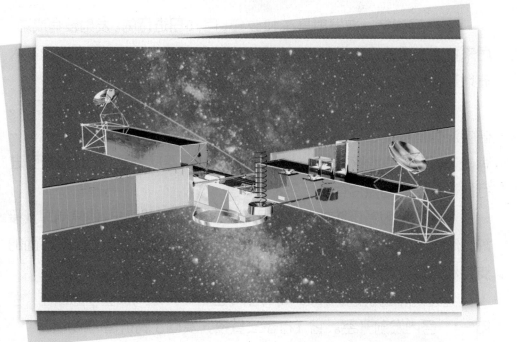

　　美国于1995年11月6日发射第2颗价值连城的"军事星"通信卫星，从而完成第一代"军事星"星座的建立。它开辟了军事通信卫星的新纪元，是未来战争的生命线。

　　"军事星"计划是20世纪80年代冷战时期的产物，旨在建立一个核战中和核战后均能保存完好的、三军通用的、具有高抗干扰能力、高可靠性和高保密性的战略与战术中继卫星，以适应未来战争陆海空立体联合作战的要求。

　　美国原计划花20年时间，研制10颗"军事星"卫星。然而，随着苏联的解体和冷战的结束，以前陈兵欧洲一线的局面将转变到以美国本土为基地，至少要有25%的兵力应具有全球应急的能力。

　　因此，目前战术通信卫星的需求日益扩大，它所要求通信的范围由军、师级扩展到战区内各级指挥员以至士兵。

根据上述情况，加上美国经济的不景气，美国对"军事星"计划进行了"大手术"，把卫星总数由10颗减为6颗。这6颗星分为两代，1994年和1995年发射的两颗是第一代"军事星"，它们保持了冷战时期要求的功能，适用于核战争情况下的战略通信。后4颗"军事星"属于第二代，它们主要用于大容量、高速率的战术通信。这6颗"军事星"入主太空后，不仅能用于核战情况下的战略通信，还可用于常规战争的战术通信。

"军事星"采用了许多当代最先进的抗核加固、抗干扰、防窃听等技术，它包括极高频通信技术、自适应天线调零技术、扩展频谱跳谱技术、星上信号处理技术、轨道机动技术和星上核能源技术等，所以能满足各军兵种在任何情况下的通信需要。

第一代"军事星"卫星每颗星重4.5吨，只能用大力神-4/人马座大型运载火箭发射。它们是低速数据率卫星，传输速率为每秒75~2400比特，有192条信道，可与空军通信卫星和舰队通信卫星系统兼容。

自1994年2月7日第1颗"军事星"卫星升空以后，美国东海岸的军事指挥官已利用它直接与西海岸的指挥官进行了通信，并且不用地面站的协助传输话音和电报。

第2颗"军事星"升空后，可覆盖地球北纬65度至南纬65度的范围。

但第一代"军事星"的造价太高，数据传输速率极低，只适用于传输简单的重要命令，而不能满足大容量战术通信的要求，不能向飞机传送复杂的作战命令。

第二代"军事星"将增装中速数据率有效载荷，通信容量比第一代"军事星"大100倍，还提高了轨道机动能力。可用于战术作战部队、飞机和舰艇等。

ok

海洋卫星

　　地球有将近71％的表面积被海洋所淹没。浩瀚无际的海洋，像一架巨大无比、四通八达的桥梁，把全世界的陆地连接起来。它不仅是人类进行贸易和文化交流的通衢大道，而且也是一座取之不尽、用之不竭的资源宝库。

　　神秘的海洋世界，被硕大无比的海水体积遮盖，使人们无法观赏海底的奇观。古往今来，许多人想方设法描绘海底世界，乘坐各种调查船去探测海底的秘密，但是都很难观看到无垠的大海全貌。

　　那么，海底世界和陆地有什么不同呢？它是否也分布着高山、峡谷、丘陵、低地呢？

　　遥感技术的发展，给人类带来了希望。科学家利用卫星从太空上传输回来的海水深度的数据，绘制了海底地貌图。它不是海底地势的粗略描

绘，而是精确地把海底的真实面目再现在我们面前。

为了监测世界海洋水域，科学家发射了海洋科学实验卫星。在卫星上，装载着能测量海浪、海流、海风、水质等要素的遥感传感器，其中有一个雷达测高计，能在离地面8000多千米的高空测量海平面高度。这个传感器精度很高，测量误差仅有10厘米左右。由于卫星每36小时覆盖地球一次，所以在运行中获得了大量的世界海平面高度的数据。

我们将卫星测得的海面高度数按照地理坐标位置排布，经计算机处理数据，绘制出一张世界海洋海底地貌图。这张新颖别致的彩色图与以前的海图相比，纠正了原来海图上的许多错误，增加了一些新发现的地形特征。

南太平洋澳大利亚的东部，水下有一条数千千米长的山脊叫路易斯维尔海脊，在以往的海图上一直画成断断续续的水下山脉。新图上，清晰地呈现出一系列连续的水下山脉组成的山峦，并且不是破碎带。大西洋中部，从冰岛向南伸展着雷基维尔山脊，新图上，可以看出它的"V"字形构造。解释这张图的地质学家认为，它是受岩浆侵入的影响。侵入的岩浆沿冰岛山脊喷出，向水平方向流淌，才形成今日的雷基维尔山脊的地形。

海洋卫星绘制的图件为地质学家带上了"千里眼"，向人们提供了许多宝贵的新信息。这张海底地貌图，告诉人们海洋底部的许多地质构造与陆地上的构造现象是一样的。海底不仅分布着高山、丘陵、低地、峡谷；而且还有断裂、褶皱等陆地上常见的各种构造现象。因此，在某种意义上可以说，我们至今在海洋卫星的帮助下，才认识了海底的真面目。

海事卫星

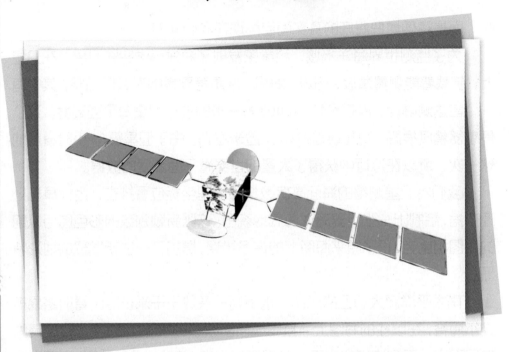

　　1982年9月9日，加拿大一架乘坐了3人的小飞机，突然与地面失去联系，在不列颠哥伦比亚省东北部上空消失。营救部门随即开始了紧急的搜索营救活动。但是，这一地区山高林密，道路崎岖，利用现有的营救手段，营救成功的可能性极小。

　　出人意料，苏联的试验型营救卫星"宇宙－1383"号发挥了作用，它是1982年6月30日发射的，按例行运行轨道，9月10日刚好飞越这个地区上空，清晰地接收到了小飞机上应急定位信标机发出的呼救信号。卫星立即把这一信息发送给安大略省特伦顿卫星搜索营救控制中心。经电子计算机处理，算出了飞机遇难的精确位置，控制中心立刻把这些数据传输给不列颠哥伦比亚省的维多利亚。载有营救设备和人员的"水平"运输机，根据卫星提供的位置数据，迅速从该省的科莫克斯飞往出事地点，很快发现小飞机残骸，营救包括飞机驾驶员、副驾驶员在内的3名受重伤的人员。

利用人造卫星营救，这还是第一次。迄今，世界上所使用的营救手段，主要是飞机和地面站，它们接收飞机、舰船上应急定位信标机发出的呼救信号，随即组织营救。随着航天技术的发展，人们自然会想到利用卫星进行搜索营救的可能性。营救卫星系统主要由卫星和地面站两部分组成。卫星部分包括2～3米直径的接收天线和数据处理设备。卫星采用近圆形的极地轨道，轨道平面经过地球的南极和北极地区，轨道高度为800～1000千米。地球是从西向东自转的，所以一颗卫星每12小时就能覆盖全球一遍。一旦它"监听"到飞机、舰船发出的呼救信号（频率为121.5、243、406兆赫），立即转发给地面接收站，如果卫星不在地面站接收范围上空，它可把信号记录在磁带上，待飞经地面站上空时再转发下来。

国际海事卫星组织于1979年7月宣告成立，总部设在伦敦，我国也是成员国之一。国际海事卫星组织的第一代海事卫星通信系统的目标是：凡是在南、北纬75度线之间海域内航行的船员，都能进行24小时的连续通信；自动迅速地与国内或国际通信网接通，使船只能同岸上的任何地点直接挂电话，发电报、传真和传输数据；有专用的应急通信线路，船只遇险时，一按电钮就能发出呼救信号；能向航行中的船只播送气象预报、海流情况和导航数据等资料。

作为长期规划，国际海事卫星组织还发展了第三代海事卫星系统。这个系统由地球同步轨道卫星和极地轨道卫星组成，使包括南、北极在内的全球水域上的船只都能与岸上通信，并能观测气象，提供气象资料，帮助船只导航定位，实现通信、气象、导航三位一体。系统的服务对象，也将扩大到空中的飞机、陆地上的长途车辆，直至所有的活动目标。

红外天文卫星

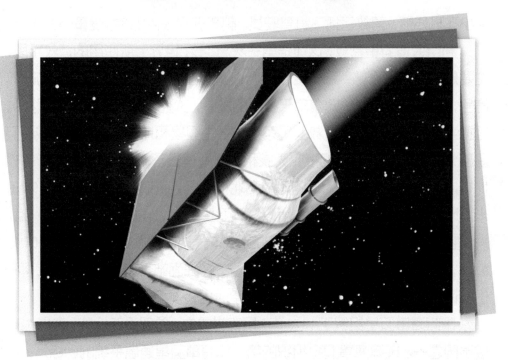

088

美国和荷兰共同研制的红外天文卫星,是一种新颖的天文观测卫星。

红外天文卫星第一次为星星的出生与死亡的地点绘制出清晰的星图,成为进一步揭开宇宙奥秘的有力武器。

这颗卫星重约500千克,1983年1月25日发射,进入900千米高空的极间轨道。正像利用其他航天器或地面望远镜进行探测后绘制出天空无线电波图、可见光图及x射线图一样,红外天文卫星的任务是对天空进行扫描,从而绘出一幅"红外天空图"。

红外天文卫星上的望远镜系统及其他仪器设备,上天以后都必须在超低温环境下进行操作,所以,望远镜的镜头不能用玻璃而只能用铍来制成。铍是最轻金属的第2名,最轻元素的第4名,它能适应各种温度的变化。从正常室温下把铍磨成镜片直至在−265℃那样的超低温条件下进行工作，铍的性能仍能保持稳定。

红外天文卫星进入轨道后，其望远镜始终对着各个星体，太阳能板则对着太阳。6个月后，卫星的圆周形扫描能摄下整个天空的景象。卫星中的一切传感器都是灵敏度很高的，所用的滤波器都是用特种涂料作保护层的，以防止红外线以外的其他光波透过。红外天空图的测绘工作是由一套特制的电子计算机程序来进行的。

1月25日发射的红外天文卫星很快失效了，因为它用来冷却仪器的475升液氦于11月21日消耗殆尽了。虽然这颗价值昂贵的天文卫星不再发回信号，专家们却仍然兴高采烈，这不仅因为它超过设计寿命多工作了两个月，更由于它获得了极其丰富的宇宙新知识。它的几项重要发现是：

先是发现织女星周围存在大量微粒物质，后来又发现另外3颗恒星（南鱼座北落师门、金牛座HL、麒麟座R）也被固体微粒围绕。到卫星失效时，已发现大约50颗有微粒环的恒星，它们都可能产生自己的行星系。

在火星与木星轨道之间，距离太阳2.3～3.3天文单位处，存在3个尘埃环，其中一个位于黄道面上，另外两个却"悬浮"在黄道面的上方，这种现象与轨道运行理论是不相符的。

从1983年4月到7月，红外天文卫星至少发现了5颗新彗星。第一颗彗星1983d后来也分别被日本和英国的天文爱好者独立找到，根据发现者的先后顺序，它被命名为"RAS（红外天文卫星）—荒木—阿尔柯克彗星"。

在红外源普查中，观测到好几十个点状冷天体，温度仅有－220℃左右，在任何星图上都找不到它们的光学对应体。这些"冷星"离地球至少6000天文单位，目前尚难判定它们是否属于太阳系。

火车避撞卫星

火车是人们常见的一种交通工具，距今已有180多年的历史了。当初的火车还真是因为这种蒸汽机喷烟吐火，像一个怪物，所以人们才叫它火车。不过如今的火车可不是当年的样子了。它清洁、漂亮、运量大、安全可靠、乘坐舒适，是交通工具中的佼佼者了，铁路也被人们称为交通大动脉。不过，在世界各地，火车相撞事故仍时有发生，往往会造成重大人员伤亡。

那么，能不能想方设法杜绝呢？对此，世界上有不少国家进行了研究，找出的办法是，利用同步卫星，使火车避撞。这种卫星便称为"火车避撞卫星"。

根据美国宇航局和铁路部门联合研制的第一个"火车避撞卫星"的初步设计方案，这个卫星的总重约1300千克，天线直径12.81米，卫星总功率 500 瓦，和地球运转速度同步。这组同步卫星共有 3 个，等距离设置在环球上空，专门传递两列对开火车，或是一列并行中的火车和一列铁道上的地面机械之间的距离信息。

这组卫星装有接收机，接收地面火车发来的特定密码无线电信号。每列火车上或使用的铁轨旁的地面设施上，也都装有一台微型信标机和一台指令接收机。微型信标机专门向卫星发射地面位置坐标的无线电信息。比如两列火车正在某一铁道段内对开时，其两车上的信标机，便分别时时发出无线电位置坐标信号给火车避撞卫星，由卫星上的路标信息接收机接收后，送入卫星上的电子计算机里进行计算。当计算机提出的两火车距离已小于某一距离数值时，便给卫星上的指令机一个突发信号，指令器便向地面发出报警指令。这一指令以无线电密码信号传送到地面，为两火车上的指令接收器所接收，再变换发出一束电流，去启动司机室里的警铃装置。一旦两列火车对开进入规定的危险距离时，司机室中的警铃便会响声大作，命令司机紧急刹车，以免相撞。

除了每列火车上装设此种指令接收器外，凡在火车轨道上作业的设备上也可加装信标机和指令接收器各一台，一旦奔驰中的火车和地面某铁道上的设备（比如某一起道机）的距离进入了危险的范围后，也可同样使司机室里的警铃报警。

为什么要用 3 个一组的同步卫星呢？其原因和电视转播节目一样，因为 3 个同步卫星才能把信息播送到地球的每个角落而不至遗漏。一个同步卫星组，可供 1 万列火车同时使用报警避撞。

明察秋毫的遥感卫星

　　我国宝成铁路自建成以来，长期被滑坡、塌方等灾害困扰。在发生的100多次灾害中，铁道专家一直找不出内在原因。然而，在我国发射的返回式遥感卫星拍摄的照片上，研究人员惊奇地发现，这条铁路的一些地段处于地层的断裂带上，这之后铁路建设部门采取了一些加固地层的措施，才从根本上减少了山体滑坡时事故的发生。

　　信息技术革命，一方面是传送信息的技术更新，另一方面，是获取信息手段的突破。获取人类认识世界的一些深层次关键信息是至关重要的。遥感卫星就是人类获取重要信息的重要工具。

　　头些年，在我国黑龙江省北部发生了一场罕见的森林火灾。那时每天晚上的电视屏幕上，在全国范围的天气预报之后，便展现出一幅火情的报告图，它便是遥感技术的产物。

遥感即是从遥远的地方对所要研究的对象进行探测。遥感现象在自然界早已有之。如蝙蝠在漆黑的夜间能快速飞行不但碰不上障碍物而且还能捕食蚊子和飞虫，靠的就是其身上的一套遥感装置。这套遥感装置能发射一种超声波，又能接收这种超声波在遇到障碍物、飞虫、天敌后反射的回波，然后蝙蝠的大脑判断回收的性质，是天敌还是障碍物。然而，人类发明和发展至今的遥感技术，比蝙蝠身上的那套遥感装置就要高明得多、先进得多了。蝙蝠用的是超声波，作用距离只在几米之内，而人类研制的精密遥感仪器已广泛使用了红外、可见光波段和微波波段，把这些遥感仪器装在飞机、卫星和航天飞机上，可从万米高空和千里之外大范围监测地球上各种物体和灾害的变化，而且采用了大型计算机取代蝙蝠的大脑来识别回波和信号的性质，既快速又准确。

那么，遥感装置是怎样监测火情的呢？原来地球上的每种物体都向外辐射红外线，只不过非常微弱而已，而装在千里之外的卫星上的高精尖红外遥感仪器，却能把这种微弱的红外信号感测出来，从而区别不同的物体，对于有无火灾的森林，其辐射红外线的强度差别很大，就更易区别，故能准确地把火情的范围感测出来并拍成照片，然后卫星将照片的信息变成电信号，用无线电及时地发射到地面，卫星地面站的工作人员，借助于无线电接收机、电子计算机等仪器将信号接收、判读并绘制成和卫星照片一样的火情报告图。一颗卫星一天可绕地球十几圈，一张卫星遥感照片可拍摄地球上长和宽都为185千米那么大的地区，其精度可在几米之内，可将小轿车和吉普车区别开来。人们通过两天之间同一地区两张照片的差别，便可反映灾区火情的变化和发展趋势。今天的遥感技术，已使潜入海底的核潜艇、埋伏在密林中的坦克群、隐蔽在农作物中的害虫等都逃不脱它的眼睛，真是明察秋毫。

遥感卫星地面站

094

　　1998年夏天，长江中下游地区汛情频频告急。中国遥感卫星地面站为及时报告灾情，首次运用20世纪90年代国际最先进的雷达卫星微波遥感，对受灾最严重的湖南、湖北、江西等地进行全天时、全天候的监测。

　　7月26日，当卫星过境时，遥感卫星地面站首次运用雷达波微波遥感技术对洞庭湖至九江市30多万平方千米的范围进行观测，取得当时、当地的图像数据。科技人员昼夜奋战，仅用3天时间，就将接收到的加拿大雷达卫星与汛前美国陆地卫星的图像数据复合处理成实情显示图。该图以不同颜色标示出土壤水分过度饱和、决堤、泛滥积水等情况，第一次把洪涝淹没积水区、涝滞水区、原有清水和浊水明确分开，在利用卫星遥感实时监测洪涝实情方面取得突破性进展。

　　7月31日至8月1日凌晨，地面站对洞庭湖至安庆长江沿线，包括湖南、湖北、安徽、江西又进行了监测，并于8月上旬对上述地区跟踪监测。松花江、嫩江、黄河、京津永定河流域也纳入了监测计划之中。这是我国首次使用微波遥感卫星技术对灾区进行大面积、高分辨率、近实时性的监测，并取得了很好的效果，在抗洪斗争中立了新功。

中国遥感卫星地面站于1986年12月建成并投入运行。其任务是接收、处理、存档和分发各种遥感卫星数据，并进行遥感数据处理方法的研究和信息特征分析工作。它是我国唯一的航天遥感信息源。

中国遥感卫星地面站由两处组成。它的数据接收部分设在离北京市区约100千米外的密云县境内。接收站的主要任务是捕获、跟踪卫星，接收卫星发射的遥感数据和校正图像数据所需的遥测数据。处理加工、数据存档管理和用户服务等部门则设在北京市内的海淀区。这样，便于用户选用数据，便于按用户需要处理加工数据。处理加工部门还编发遥感图像、数据及其目录，交用户服务部门，供用户查询测量图像使用。

由于雷达卫星微波遥感具有科学性、客观性、高时效的特点，运用它们得出的图像数据，可以为中央迅速作出决策提供科学依据，也为有关部门进行灾情评估、受灾面积测算、救灾工作布置及下一步的水利建设规划提供重要的参考依据。

同时，它对我国资源、环境等方面的监测也将具有同样重要的价值。

中国遥感卫星地面站为赶上世界空间技术先进水平，在20世纪90年代初，国际卫星微波遥感刚起步时，就先后与欧洲航天局、日本宇宙开发事业团、加拿大太空署签订了有关协议，实现了一站多星，对技术系统进行扩充、改造，具备了接收、处理先进的卫星微波遥感数据的能力。

ok

卫星上的超级计算机

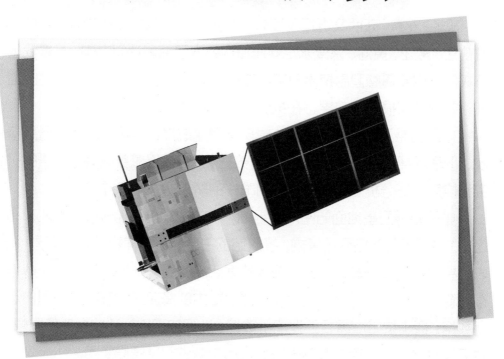

　　计算机，是电子计算机的简称，统称"电脑"，是一种用电子技术实现数学运算的计算工具。按运算对象（数字或模拟信号），分数字计算机、模拟计算机和混合计算机三种。通常所称的电子计算机指数字计算机。在数值计算、数据采集和处理以及自动控制等方面应用广泛。

　　在空间运行的人造卫星，目前还做不到智能化，因为还没有装备微型超级计算机。

　　例如一个通信卫星，它能把大量信息从英国送到美国，然后再由美国送到英国，却不能做信息分选。如果用它观测地球表面，那么它一个星期观测到的全部信息，存在磁带上，足够装满一间房子，人们要用几个月才能分选出来。因此要设法在卫星中装入很小的超级计算机。

　　英国一家公司为欧洲航天局表演了一种新技术。它在卫星中装了4

片新研制的芯片计算机，组成一台超级计算机。每个芯片只有16.39立方厘米，体积相当小，最重要的一点是：芯片计算机能抗宇宙射线的辐射。

宇宙射线是一种人眼看不见的射线。在进入地球大气层以前，这些宇宙射线称为原始宇宙射线。它们是由各种元素的原子核构成的粒子流，其中主要是氢原子核，约占87%；此外，还有氦、氧、氮、铁、钴、镍、碳、锂、钡、硼等元素的原子核；甚至还有人探测到含量极少的钠原子核。原始宇宙射线粒子，它的能量平均比光子大得多。宇宙射线的辐射会使计算机在空间失效，变为不可靠。最大的风险是芯片上的程序被辐射搞乱，使计算机做出错误决策，影响卫星的正常运行或所传送信息的分选。经过测试证明，芯片计算机能够抗辐射。

这4片芯片计算机组成空间的"计算机委员会"，其中一个是"候补"的。每个芯片的作用相同，都可以制定决策。倘若"意见"不一致，就少数服从多数。如由于辐射其中一个失效，其他芯片就从存储器中找出正确的程序，输入失效的芯片，使它"再生"。

芯片超级计算机将和克雷型超级计算机功能同样强大，但成本只有它的1%。把它装在通信卫星上，可以提高国际通话效率，迅速做出海洋气象预报图。在许多新的科技领域中，如探索火星奥秘，超级计算机更是不可缺少的。

系绳卫星

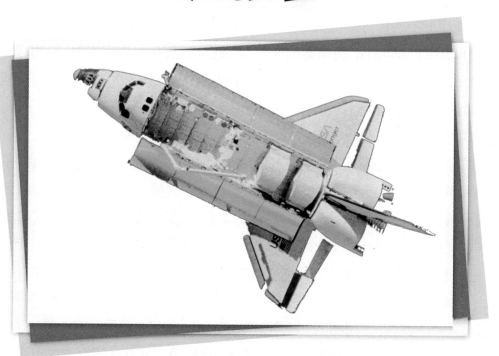

　　1996年2月25日，举世瞩目的在太空放风筝——释放系绳卫星的实验，因卫星的缆绳突然断裂而告失败，这颗卫星宛如断了线的风筝一样失踪在茫茫宇宙之中。从残留的缆绳看，其末端有烧焦的痕迹，很可能是某种放电造成的。缆绳断裂时，系绳卫星正产生3500伏电压（预定是5000伏），说明在太空中用系绳卫星发电具有可行性。

　　系绳卫星是用绳与比它大的航天器相连的人造卫星。它能重复使用，可从近地轨道运行的航天飞机或飞船上，向上或向下释放出100千米左右的距离。飞行任务完成后，系绳卫星可回收到航天飞机里，这种卫星在研究地球大气方面具有独特的优点。在距离地球150千米以下的空间很难运行人造卫星，因为大气阻力会使航天器迅速脱离轨道而坠毁，而对探空气球来说又高不可攀，所以这一地带的大气状况很令大气学家"头痛"。用系绳卫星则能解决这一难题。它可以从运行的航天飞机向下（朝向地球）放到较低高度，用以收集全球范围内这个高度的大气参数。

系绳卫星也能向上（远离地球）施放，进行有关电动力学方面的研究。它还能对地观测，用于勘探地球资源、监测地震和环境污染等。系绳本身能用作通信系统的天线或发电，为航天飞机或空间站提供电源。

系绳卫星系统是由卫星、系绳和部署器组成的，它装在航天飞机货舱内，随航天飞机进入太空，然后用"重力梯度"原理释放卫星。所谓"重力梯度"释放卫星的原理是：当系绳卫星随航天飞机入轨时，它已获得一定的环绕速度，把卫星从货舱里向上送出，使它高于航天飞机的轨道，这时卫星由于离开地心的距离增大，所以重力减少，因而就沿着一条比航天飞机轨道略高的轨道运行。从航天飞机上看，卫星的离心力大于重力，因而卫星沿着铅垂线自动爬升，直到受到系绳的长度限制为止。同理，如果把卫星向航天飞机的下方送出，这时卫星所受到的重力大于离心力，所以卫星会相对于航天飞机沿着铅垂线下降。

系绳卫星可以完成两大类飞行任务：一是用导电系绳进行空间等离子体电动力学实验；二是用它在130千米高度进行大气层实验。

用系绳发电是这样的：系绳芯是一根周围绝缘的铜线，可供导电。当系绳穿过地球磁场并与电离层等离子体相互作用时，就可以利用电离层的电动力特征发电。这对未来的卫星和空间站很有价值。来自电离层的电子被带正电的卫星所收集，然后用航天飞机有效载荷舱里的电子枪射回太空。此时在导电的系绳中将产生向下流动的电流，预计可达44瓦到1兆瓦（直流电），成为别开生面的空间发电设施。

要保证卫星释放顺利，须对卫星姿态提出一定要求。

即将升空的卫星发电站

太阳能是一种取之不尽，用之不竭，不会造成任何污染的最洁净的能源。在科学技术日新月异发展的今天，人类不单单是直接利用太阳的热能，更重要的是把它转变成电能来使用。

1980 年，美国人马可克雷迪制造了一架太阳能电池飞机。飞机的翅膀上覆盖着太阳能电池。他还给这架飞机起了个十分有趣的名字，叫"太阳挑战者"号。经过多次改进之后，1981 年 6 月，"太阳挑战者"号胜利地飞越了英吉利海峡，全程 290 千米，飞行了 5 小时 20 分钟，飞行速度比原先提高了一倍多。

在发电方面，1982 年日本首先建成了一座 200 千瓦的光电池电站。1986 年该电站的总发电能力达到了 1000 千瓦。

太阳能电池发展很快，用途也越来越多，特别是那些供电十分困难的地方，像偏僻的山区、牧场、无人气象站和海岛，更是它的用武之地。澳大利亚建成了世界上最长的一条太阳能供电的电话线，给周围一些人家带来了方便。美国俄亥俄州有一家靠太阳能供电的广播电台，广播覆盖范围是 80 千米，拥有 25 万听众。

目前，世界各国对太阳能电池的研究、开发都很重视。到 2000 年，美国太阳能的利用已占全国能源组成的 20%。

自从 1957 年 10 月人类成功地发射人造卫星以来，太阳能电池已成为最主要的空间电源，并且得到了迅速的发展。

更令人兴奋的是，1968 年，美国格拉泽博士首先提出了"太阳能动力卫星"的设想，就是把一个安装着太阳能发电装置的卫星发射到宇宙空间，由它把太阳能转变成电能。然后，用微波或激光再把它们发的电送到地面接收站，由地面站把电输送给用户。

日本在 1994 年设计了发电卫星"SPS2000"。这颗卫星是一个巨大的三角形柱体，每个边是 336 米，高 303 米。在两个侧面安装薄膜太阳能电池，另一面安装送电天线。卫星的重量是 240 吨，输出功率是 1 万千瓦，从 1100 千米高的赤道上空使用微波把利用太阳光发出的电力送到地面。如果送电 3 分钟，每个接受电力的基地，一天平均可以获得大约 300 千瓦小时电力。

宇宙发电卫星也可以供给宇宙基地或通信广播卫星等需要的电力。现在的卫星安装着发电用的太阳能电池板和太阳翼，但是，如果宇宙发电获得成功，就不需要安装太阳能电池板和太阳翼了，因此可以大大降低卫星造价和发射费用。

如果能够向地球上送电，就可以不使用电线，向没有电力的沙漠、山区和孤岛供应电力。

ok

由卫星充任"交通警察"

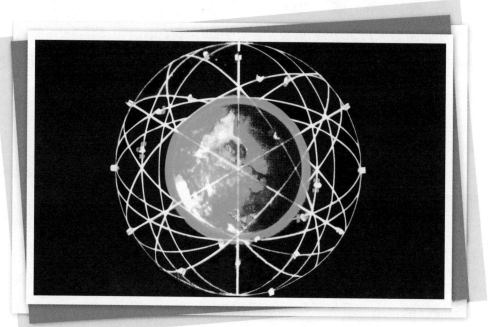

　　汽车沿路行驶，司机有一幅城区的地图，熟练的司机甚至可以把地图记在心里。船长凭着海图，机长凭着地面无线电导航，这些沿续了多少年的老方法，给陆、海、空交通工具带来许多方便。但有时也有因司机、船长、机长迷路而耗费精力，甚至发生事故的事情。如今新一代的导航系统，为人们带来了极大的方便和安全，这就是卫星定位系统。

　　纷繁复杂的交通问题，一直困扰着许多大城市。然而一个新的交通管理网络将为改善大中城市的交通问题带来希望。这就是如今令人瞩目和企盼早日实现的全球卫星导航系统。

　　卫星定位系统在发明之初，主要是为飞机和舰艇提供精确导航信息，这个系统由16颗卫星组成，这些卫星通过连续发出的无线电脉冲信号播出它们的位置信号。全球定位系统接收器就利用这些信号来确定自身的位置。从理论上讲，一个接收器若能同时收到3颗卫星发出的信号，即可算出自己的坐标，它一般用于舰艇导航。如果能收到4颗卫星的信号，就可以确定一个三维空间的目标，适用于飞机的导航。拥有卫星导航接收器的车船可在一天24小时里随时知道他们在地球上的准确位置，误差已缩小到20米之内。

特别是美国全球卫星系统（简称GPS）建成后，不论在地球什么地方，只要你从口袋里拿出一只像手机大小的GPS接收机，就可以知道你现在所处的精确位置，位置精确度可达到15米；可以知道你驾驶的汽车的运动速度，测速精度为每秒0.1米；它已成为汽车驾驶员的得力助手。

随着运算速度快，集成度越来越高的芯片出现，可使导航信息接收装置更加小型化，使数据存储量大增，这就有可能把整个城市或整个国家，甚至更多的有关主要公路等信息存储起来，这使汽车导航接收装置的制造成为可能。当这一装置与超级微机连起来并与整个交通管理系统连在一起时，就可以为汽车提供如道路状况、有关天气、最佳行进路线、发出交通堵塞警告、提出可供选择的其他路线等信息。另外，还可告诉驾驶者，最近的加油站、停车场、修理部、洗车厂等在哪里。

倘若广泛使用卫星导航系统，将使公路得到更好的利用，可能提高30%道路利用效果。这将节省大量的土地和筑路费用。

ok

理想的极地卫星

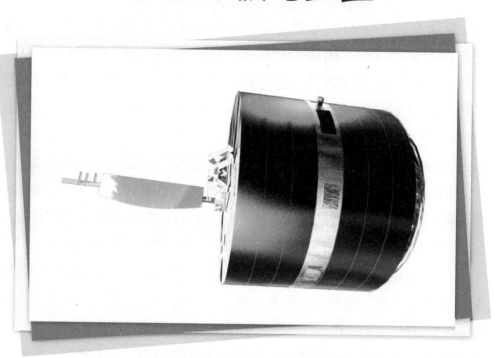

　　人们只要把三颗同步卫星发射到赤道上空的同步轨道上，除南北两极外，整个地球都可以收到它们转播的无线电信号。

　　那么，"极地上的人什么时候才能享受卫星的恩惠呢?"美国物理学家福沃喃喃地说。突然，他盯住了地球仪上的北极："如果就把卫星放在这儿……"他只觉得眼前一亮，一切仿佛杂乱的问题都重新找到了头绪。很快，一个富有革命性的新构想诞生了：利用太阳的光压使通信卫星停留在南北极的上空。因为这种卫星位于地球旋转的轴心位置，所以，它并不需要环绕地球旋转，而是被"静止"于极地上空某处，为人利用，成为极地上空的一颗"恒卫星"。

　　福沃设计了这样的方案。极地卫星将使用一面"太阳帆"，用非轨道运动来抵抗地心引力，就像一艘帆船使用一面"风帆"来克服海浪造成的阻力一样。太阳帆是一面很大的薄片，由反射性能很好的材料制成，当太阳光照射到太阳帆上时，光压会造成一股很小但连续的推动力量，每平方千米约9牛顿（力、重力单位）。现在，已经有很多机构的一些工程师，正在进行研究和制造。极地卫星是利用太阳帆而飘浮在地球背阳面的上空，作用于太阳帆上的太阳光压力会与地心引力达到平衡。极地卫星不一定要正对着太阳，它可以停留在地球背阳面上空的整个范围内，因此，可以部署的数目将会非常之多，也不会产生相互干扰。

在正常运行状态下，极地卫星通常将固定在与地球轴线成一固定角度的位置，这个角度经推算必须大于23.5度，使得极地卫星可位于地球的背阳面上空面对太阳。一般应位于离地轴30～40度的位置。对地面上的观察者来说，极地卫星每24小时绕极地旋转一周，地面接收站也每24小时同步旋转一周，天线的方向可固定不变。如果使用面积不太大，数目也不太多的太阳帆，以及一般重量的载荷，典型的极地卫星距地球中心的距离大约介于30～100倍的地球半径。而同步轨道卫星的高度为地球半径的6.6倍。月球的高度为地球半径的63倍。由于极地卫星的高度与月球的高度相近等原因，极地卫星会受到月球引力的很大影响，因此必须另设控制系统来补偿。

由于极地卫星可能会出现在地球向阳面的上空，使得光压与地心吸引力方向相同，所以，极地卫星部署在南、北和正上方似乎不可能。英国的麦菌斯提出并证明，极地卫星可以很稳定地停留在南、北极的正上空，但必须达到离地270倍的地球半径高度。作为一个地球上的观察者，极地卫星就像北极星一样，所有其他星星都绕其旋转。

我们衷心地祝愿极地卫星研制并发射成功。这样，三颗同步卫星和两颗极地卫星就可以联手覆盖全球，而不再有死角了。

卫星当中的小不点儿

制造和发射一颗卫星是一件费钱又费时的事。一颗与一辆家用汽车的大小和重量相等的卫星，设计和制造通常至少要花 5 年时间，费用达 2.5 亿英镑。但是，自从 1979 年以来，英国萨里大学的科学家已经把 10 颗小卫星发射到近地轨道上去了。每颗卫星的重量只有几十千克，费用不到200万英镑，从设计、制造到发射大体上要用一年时间。迄今，这些卫星已经进入轨道进行了一些小型实验，使得像韩国、智利和葡萄牙这些国家以通常费用的一小部分就开始了空间计划。

现在由英国萨里大学建立的萨里卫星技术有限公司经营这个项目，它正利用它的低成本小型卫星的经验设计内装火箭发动机的卫星，这种卫星比以前的卫星要大和好，但是仍比常规的卫星要便宜。空间预算有限的小国将有能力发射比较先进的遥测卫星。萨里卫星技术有限公司相信，它能够把每颗卫星的成本保持在500万英镑以下。

内装火箭发动机是调整卫星轨道最有效的办法，但是萨里卫星技术有限公司过去为了把成本降低到最低限度而没有安装它，现在又认为安装一个发动机是必要的。该公司负责研究与开发的杰夫·沃德说："有了内装发动机，一颗卫星就能够转入一条不同的轨道。"

由于常规火箭发动机是为取得极高水平的功能而设计的，因此很昂贵。适合小型卫星用的常规发动机用肼作燃料，这是一种爆炸性的氮氢化合物，含有剧毒。每一台发动机必须安装上几个昂贵的阀门以防止泄漏，处理肼的人必须穿上带有生命支持系统的保护服，以防万一。肼具有的潜在爆炸性使得负责初始飞行任务的人感到紧张。

萨里卫星技术有限公司正在研制自己的使用聚乙烯作为燃料的发动机。这种硬的固体塑料既没有毒也不会爆炸，但这种燃料需要一些特殊的处置设备。

另一个问题是内装火箭发动机使飞行任务复杂化了。每次发射的时间以及火箭所处的位置和方向都必须在每次"燃烧"之前和之后仔细加以监测。萨里卫星技术有限公司不使用长时间的燃烧，将采用一系列短时间的燃烧来弥补其发动机较差的功能。每次燃烧之后，就测量一下方位，如果有偏差就加以纠正。缺点是一系列短时间的燃烧用的燃料比一次长时间的燃烧要多。但这种做法使得萨里卫星技术有限公司的卫星节省了成本。有内装火箭发动机的卫星有很多优点，例如，这些卫星可以保持一定的轨道。这就使得遥测卫星有可能一周拍摄同一地区的照片，从而对这个地区的图像进行对比。一条固定的轨道还可以确保通信卫星隔一定的时间经过同一点。

卫星上的原子能电站

108

　　1978年1月24日凌晨4点55分，在加拿大耶洛奈夫镇，人们都还在熟睡之中，一名正在守夜的工作人员惊愕起来，他抬头一望，只见天空中突然出现了一团耀眼的火球，后面还跟着许多小星星，它们从辽阔的天际划空而下，随即迅速坠入冰封雪冻的大地……

　　这神秘的坠星，既不像一般的彗星，也不像常见的流星，更不像失事飞机，这究竟是个什么怪物从天而降呢？后来才知道，原来是一颗带有原子能电站的苏联人造卫星，在轨道上出了毛病，坠毁在加拿大境内！

　　人们也许会惊奇，原子能电站是一个庞然大物，它在地面上重量上万吨，体积上亿立方米，怎么能装到一颗小小的卫星上去呢？现在，就让我们看看卫星上的原子能电站，究竟是怎样减轻重量和缩小体积的。

　　在小小的卫星上面，原子能电站首先在发电方式上进行了根本性突破，采用“热能→电能”的直接发电方式。一般卫星上采用的太阳能电池，是利用“光电元件”，与太阳能电池基本相同，所不同的是它利用的是“热电元件”。这种元件体积很小，重量又轻，不需要通过任何设备，就能将原子核反应堆释放出的巨大能量直接转换成电能。这样一来，地面上那种原子能电站非用不可的笨重设备和庞大用水，就统统扔掉了！光是这一项重大突破，卫星原子能电站的设备重量，就从成百上千吨猛然降到几十千克。

接下来，卫星上的原子核反应堆也进行了重大改革。地面上的原子核反应堆，为了防止射线对人体的伤害，采用了重混凝土、铁块、钢板等制成防护外壳。它既庞大又笨重，这种防护外壳所占的体积和重量，往往是原子核反应堆关键部位体积和重量的几十倍，甚至上百倍！在不载人的宇宙卫星上，射线对人体伤害的事儿已不存在，所以这层笨重的防护外壳被取消了。但是，宇宙卫星运行一段时间后，仍会掉到地球上，带有放射性的卫星碎片，还会污染大气，这又怎么办呢？为了解决这个问题，卫星被制成了两个部分，装有原子核反应堆的那一部分，另外配备一套火箭发动机。当卫星完成了预定的任务后，地面上发出“命令”，载有原子核反应堆的那一部分立刻脱离开来，火箭把它推进到1000千米以上的高轨道上去，在那里，反应堆的裂变产物早就衰变光了。所以，再掉到地球上来，也“太平无事”了。

宇宙原子能电站还有一项措施，是采用了高浓缩铀，这使卫星携带的核燃料大大减轻了。铀的提炼是一件相当复杂的过程，代价又十分高昂，所以地面上的原子能电站，使用的铀浓度是受一定限制的。搬到卫星上去，重量和体积成了主要矛盾，所以代价再高，提炼再困难，也要尽力提炼它。

开发宇宙原子能电站的意义

时至今日，太阳能电池在宇宙卫星上的使用效果已经比较理想，为什么还要开发宇宙原子能电站呢？

在围绕地球运转的宇宙卫星中，有一些是通信、气象等高轨道同步卫星。这种卫星体积小、重量轻，便于发射。但是它们所装载的太阳能电池，在限制体积和重量的条件下，所提供的功率就相当有限。如果要提高功率，就必须大大地增加太阳能电池的体积或面积。例如，设想中的500万千瓦空间太阳能电站，它所需要的面积竟然达100平方千米！原子能则刚好相反，它能在相同体积和重量的情况下，提供出比太阳能电池大得多的功率。在不久的将来，人类将普遍使用一种大规模的直播电视广播卫星，世界上无论哪个角落的电视机，都能从它那里收到图像清晰的节目，它所需要的强有力的电源，就要靠宇宙原子能电站来供应。

人类未来的星际航行，更是少不了宇宙原子能电站。因为在远离太阳系的广漠空间，宇宙飞行器接收到的太阳能将等于零，根本不能利用。即使在太阳系以内，也会因为距离越来越远而失去利用的价值。1977年，美国发射的"旅行者"号宇宙探测器，它"访问"了太阳系里的木星、土星、天王星和海王星，可是这四颗行星绕太阳运转的半径，分别是地球绕太阳运转半径的5倍、10倍、20倍及30倍，因此，接收到的太阳能，只有地球上的1/25、1/100、1/400和1/900！这哪里还有利用的价值呢？所以，"旅行者"号宇宙探测器携带的就是一座功率巨大的原子能电站。

小型的原子反应堆不可以安装在巨型轮船和破冰船上。一般普通的远洋巨轮横渡太平洋要燃烧6000吨煤，而如果改用核动力，是需要2～3千克铀。核动力轮船不仅续航力比普通轮船高得多，而且可以腾出更多的空间来装货和载客。

用核动力的潜水艇更有优越性。海面下没有氧气，普通潜艇潜到了水里就只能依靠蓄电池作为动力来源，不能再升动内燃机，因为内燃机要消耗大量氧气。蓄电池储存的电能十分有限，潜艇不得不经常浮在水面重新充电。原子反应堆是不需要氧气的，核潜艇可以潜伏在海洋深处航行，一连几个小时不用浮到海面上来，成为名副其实的"潜水艇"。

卫星的回收

　　1975年11月26日，我国成功地发射了第4颗卫星，这是一颗"返回型遥感卫星"。从那时起，我国多次成功地回收了"返回型遥感卫星"。继苏联和美国之后，我国是世界上第三个掌握回收卫星技术的国家。这在航天技术上是一个很重要的进展。因为遥感卫星有着广阔的视野，能接收到地球上各类物体所辐射的各种光谱。多波段电磁波信号在经过加工处理后，可以清晰地显示出被测对象的性质、形态及其变化。利用空间遥感技术，可横观环球，纵知地底，在资源探测、目标监测等方面起着重大的作用。回收技术使卫星从太空摄取到的资料更有效、更可靠地送到地面，对发展国民经济和巩固国防有着重大的意义。实现卫星回收是一项非常复杂的工程。美国从空间回收卫星，曾经历了13次失败，第14次试验才成功。我国只经过一次试验，第二次就按预定计划，在我国腹地选定的地区成功地完成了回收。

卫星的回收，一般是指卫星上的回收舱的回收，是通过地面中心控制站的遥控来完成的。当人造卫星运行到轨道的最低点时，地面工作人员通过遥控装置点燃连接卫星与回收舱之间的爆炸螺栓。螺栓被炸断后，卫星与回收舱分离。紧接着由地面站发出信号，启动反推火箭，迫使回收舱的运行速度逐渐减慢，最终脱离轨道，重返大气层。

这时，回收舱的运行速度大约是地面音速的25倍，甚至还快。在速度和高度都急剧变化时，人是无法通过制导系统对回收舱进行控制的。所以，能否保证回收舱落到预定区域，几乎完全取决于对它重返大气层的轨道的计算。当降至2000米以下的低空时，回收舱会自动抛弃防护罩，打开阻力伞和降落伞，然后徐徐降落。

眼下，卫星的回收主要采用海上与陆地两种形式，也有用飞机在空中回收的。当回收舱徐徐降落时，参加回收工作的船只、车辆或飞机等都在预定区域巡逻。地面站不断地将回收舱的位置通知巡逻人员。回收舱降落后，也立即发出信号，让人们尽快找到它。

人造卫星的回收，不仅大大提高了卫星的利用率，缩减了经费开支，节约了原材料，而且减少了太空中的垃圾，真是一举多得。

卫星加快了石油探测的步伐

114

在海上的石油探测中，以往是由位处某个海湾里的地震探测船将探测到的地震信息数据记录在磁带上，然后再被集中送到某个数据处理中心并交有关的石油公司作进一步的分析处理。这一过程往往需要花费一定的时间，从而使决策层的决策延缓而造成浪费。由于决策时间的延缓，会酿成巨大的经济损失。

不久前，由美国宇航局制造的一颗新型卫星正式被启用，它能将位于墨西哥湾内的地震探测船所发的信号传输到美国各地数据处理中心的超大型计算机内。这艘地震探测船旨在墨西哥湾内发现新的石油层和天然气层。墨西哥湾位于北美洲东南，介于美国佛罗里达半岛、墨西哥尤卡坦半岛和古巴岛之间。墨西哥湾的西北部沿岸和大陆架储藏着丰富的石油、天然气和硫黄。现在，美国和墨西哥都在这里广泛地钻探、开采石油。但墨西哥湾远离纽约、华盛顿等大城市及其数据处理中心，信息传递困难。

据美国石油研究所所长查尔斯·迪博纳称："真正意义上的石油探测，应该是边进行数据收集边由石油专家对有关潜在的大陆架上的石油和天然气钻点的重要数据进行分析处理。"采用这个卫星传输系统后，探测船所获得的有关地震的信息将能比普通传真机快200倍（每秒2兆字节）的速度进行传输。这样，有关的地震学家就能进行实时的分析，并能即时向地震探测船发出如何进行下一步探测的指令，从而可使原来需要几星期甚至数月才能完成的工作，在几分钟内完成。

这个信息传输系统是由距地球大约3.6万千米上空轨道上运行的美国的通信技术卫星（ACTS）和高速信息（声音、图片、影像和数据）传输处理系统非同期传输模式（ATM）网络组成。石油工业的研究人员说：这两种先进技术的珠联璧合，将会为能源开发和生产带来巨大的革新，使世界范围内新资源开发的程序得到彻底革新，并最终使人类能够用低廉的费用发现新的资源带。

专家认为，当ACTS和其他卫星联合用来指挥陆地上的活动时，一个真正意义上的全球信息高速公路就被建立起来，它的应用前景极为广阔，可以运行于银行、医疗、商业和远距离通信等科技领域。

"百慕大神秘三角"之谜

美国佛罗里达半岛南端，到波多黎各岛和百慕大群岛的"百慕大三角"海区，人们称它"魔鬼大三角"。因为曾有许多船只和飞机在这里遇难、失踪。单以这个水域离美国海岸40千米以内计算，每年就有1200人丧生。

1925年4月5日，天气晴朗，美国五架"复仇者"强击机在这个地区上空飞行时，突然方位仪发生故障，和基地失去联系，下落不明。

1973年3月某一天，海面平静，一艘载有32人的摩托艇驶进这个海区后突然旋转下沉，永远销声匿迹……

科学家为了揭开魔鬼大三角之谜，进行了长期的调查和研究，但始终没有得出科学的结论。只是提出了各种各样的假说，认为这个海区事故频繁发生可能与反旋风、强烈的自然激光和次声波、地壳下沉说有关，但都不能令人满意。

20世纪90年代初，由美国、苏联和法国科学家组成的调查"百慕大神秘三角"之谜的小组宣布，他们利用在太空运行的人造卫星进行的最新侦察，揭开了"百慕大神秘三角"地带使途经该海域和海域上空的舰船及飞机失踪之谜。根据激光扫描的照片发现，在这个素有"魔鬼三角"地带有一个威力无穷的旋涡，能把海面舰船、九霄云空的飞机卷入深不可测的海底。这个巨大旋涡出现时只不过3秒钟。领导这个美国、苏联、法国调查百慕大"魔鬼三角"之谜的科学家小组的首席科学家阿科尔博士表示，这个能把一切事物吸进旋涡的吸引力，虽历时3秒，但其威力无穷，令人难以置信。它的吸引力之强，与月球影响地球潮汐的万有引力相比毫不逊色。阿科尔博士指出，在大西洋寻找这个巨大旋涡，仿佛大海捞针，因这个巨大旋涡出现时，飘忽不定，难以测摸。这也是前人未能解释"百慕大神秘三角"之谜的主要原因。

科学家们的新发现主要有：巨型湍流旋涡的力度，比任何飓风威力都强，任何大地震或火山爆发的威力，无法与之相比。它的力度之强，可以影响月球上的天气，这相当于月球影响地球的潮汐涨退。突如其来的巨大旋涡出现时，所向披靡，海面上的舰船和天空的飞机都会被卷入海底。

1991年4月24日，当卫星发现巨大旋涡出现时，美国立即向附近一带的船只及飞机发出警告，挽救了不少人的生命。

卫星在地震预报中的作用

　　人造地球卫星作为空间技术的骄子，为通信革命创造了前提条件，并使信息超国界流通高速化。此外，卫星在环绕地球过程中，人们还可以运用遥测、遥感技术采集地球表面和地幔中的信息，实现人类从太空观测地球的夙愿。

　　绝大多数地震发生在地球的地壳和地幔上部边缘70千米以内，特别集中在地下5～20千米深处。那里的岩石比较坚硬，它在受到力的作用时，具有抵抗破坏的能力，只有在力加大到一定程度，它承受不了的时候，才会破裂。现代地震科学发现，在地震孕育的各个阶段，地球内部和表面在震区部位将发生一些可能采集的物理信息变化，如地电、地磁的数量变化等。特别是地震孕育的最后阶段，震区内部岩石发生强烈裂变，同时在地球表面和大气层中也有电磁异常现象出现。如震区在震前电场产生的激变,使地球表面发生大尺度的脉冲电流,这种脉冲电流能被卫星上的遥测仪器检测、收集,并及时传输到地面接收站进行综合评价、分析,继而利用数学模型制作预报。美国宇航局发射的"地球物理观测卫星－6"号,上面就安装了遥测地磁仪器,它能连续准确记录地球电磁场的微小变化。通过实验证明,这种仪器可以及时采集地震前震区部位的低频率波段的地震前兆信息——电磁脉冲。

地震前,还可以听到由远及近、由近而远,像闪雷一样的轰鸣声;也可以看见从地下突然发出来的红、白、黄、橙、绿和蓝色发白的各种颜色的地光,有的如带状,有的像焰火。这些都可以通过卫星观测到。利用卫星采集地震前兆信息,制作地震预报精度较高,时效较长。这种新型的地震预报方法,正在地震学家的努力下逐渐完善,由科研阶段转向实用阶段,地震预报体系也会由此发生巨大改观。

据有关科学家预测,未来的地震预报系统是由卫星监测为中心的前兆信息采集系统、计算机为中心的信息处理系统和光导纤维为主通道的信息传输系统,以及警报系统构成的综合性预报系统。这个系统能够提供防止地震灾害的最佳方案。

神通广大的空间农艺师

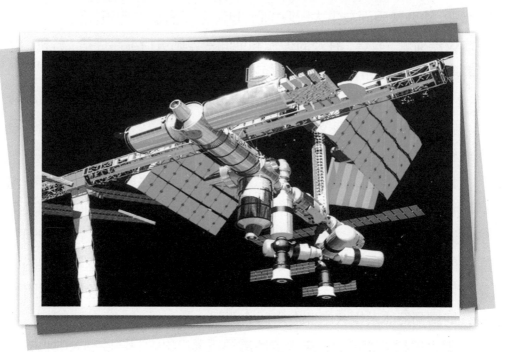

　　自从20世纪50年代人造卫星问世以来，开始了人类探索宇宙的新阶段。目前地球资源卫星遥感技术已应用于农业，如普查气候和土地资源、编制土壤利用改良图、调查农作物生长发育情况和预报产量、监视和预报各种农业气象灾害等，为人类科学管理农业创造了方便条件，所以人们又把卫星遥感技术称为"空间的农艺师"。

　　在调查自然资源，编制土壤利用图这方面，卫星遥感技术能提供快速而准确的技术资料，以往要获得这类资料只有靠人工普查。例如，英国用人工测绘方法普查土壤，曾动用3.6万人，为时6年之久，而应用卫星遥感技术编制五万分之一的土地利用图，仅用了4个人工，9个月的时间。现在，许多国家应用卫星资料绘制植被、土壤、水文、地质及森林覆盖等各种自然资源专业图，为制订农业区划、垦植荒地、查寻水源提供了科学依据。

在农业生产中，经常发生各种自然灾害。据统计，全世界每年因自然灾害造成的损失，约占农业总产值的15%～20%。但是利用卫星图片分析资料可以严密监视各种气象灾害和病虫害的发生。在预报旱涝灾害方面，可以比常规预报方法提前5天；预报台风、寒潮等，可以提前3天。特别是对即将发生的毁灭性病虫害，卫星的近红外光谱带的图片能提供明显的预兆，以便提前采取防治措施。

应用卫星图片，能监视农作物生长发育情况，及时作出产量预报。美国曾对全球粮食作物播种面积及产量状况进行遥感调查，其结果与地面的抽样调查分析差异只有20%。美国利用卫星资料，对美国玉米、小麦、大豆、马铃薯等作物估产，准确率可达93%～99%，比美国农业部的产量统计数字提早10～30天。美国在全世界各地小麦收获前15天进行的产量估计，准确率达97%。这些都表明，利用卫星技术可较准确地掌握世界各国的农作物生产及产量的情况，为制订农产品消费和贮藏计划、销售的价格以及对外贸易政策等，提供重要依据。

另外，卫星技术在指导科学种田，发挥农业措施的经济效益，如研究各地农田的光照、热量、水分，合理安排种植计划，适时进行田间管理等方面，都能获得良好的效果。

帮助农民"精确耕作"

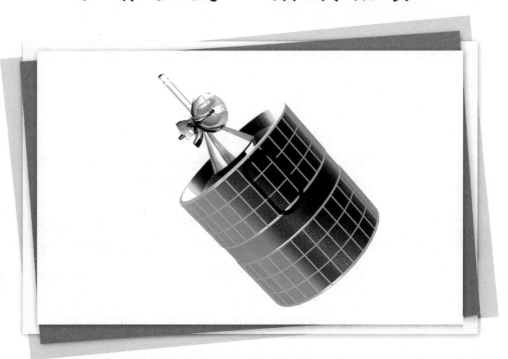

122

　　人类从事农业耕作至今至少已有1万多年了。从最初的刀耕火种发展到20世纪的科学种田，人类耕作的技巧至今还在不断地完善和发展。在刚刚跨入21世纪的今天，美国的一些农民已经开始在耕作过程中，借助卫星系统和电脑技术，让农业迈入"精确耕作"时代，人们把这种耕作技术通称为"精确农业耕作技术"。

　　种田人都知道，施肥可以使耕田增加地力，合理播种可以获得理想的丰收。不过，有多少人知道自己耕地中的哪块田该施多少肥，哪一块地该播多少种子呢，甚至知道哪一条垄该施多少肥，哪一条垄该播多少种子呢？这就是"精确农业耕作技术"要解决的问题。这种技术由人造卫星、全球卫星定位系统接收器和相应的农业机械组成。

　　人造卫星将地球上的所有土地按照20平方米或30平方米划分成块，

然后将这些信息输入电脑。农民只要在自己的拖拉机上安装一台电脑和一架卫星信号接收器，就可以在任何时候从电子显示屏幕上找到所在土地的具体位置。农民从所有地块上都取出土壤样品，再将过去这块土地上的收成情况提供出来，电脑就会将所有这些资料都记录下来。美国一位使用这种技术的农民有2000万平方米耕地，一共划分出39种土质。在进行播种和施肥的时候，农业机械上的卫星信号接收器随时记录下耕作的具体地点，电脑随时将这块土地的土质和收成情况，通知农业机械上的自动控制装置，农业机械便可以随时调整播种量和施肥量了。这种全球定位装置可以精确到几米之内。因此，依靠电脑自动控制装置，在同一条垄上播不同数量的种子和施用不同数量的肥料，也就成了轻而易举的事了。

由于这种技术刚刚开始使用，而且只有很少的农民使用，所以人们还没有掌握提高产量的具体数据。不过有的农民在实际比较过程中发现，这种技术可以通过减少播种量和施肥量，而使农业劳动生产率提高30%。

现在，使用"精确农业耕作技术"的农户还非常少，但种种迹象表明，越来越多的农民正在认识和使用这种技术，有人预计，到21世纪初，"精确农业耕作技术"肯定会成为农业成功的一个不可缺少的组成部分。

卫星发现的陨石坑

　　1982年底，我国科学工作者利用陆地卫星影像和航空摄影照片判读，在广东省韶关东南45千米的始兴县境内，发现了一个大型陨石冲击坑。它的直径为3.2千米，深250米，呈碗状圆形，坑底保留有放射状冲击遗迹，在陨石冲击坑周围，可以发现典型的冲击变质现象：在冲击波作用下形成的角砾岩，因高温融化作用造成的冲击玻璃质以及岩石的显微位移现象等。地面的验证和岩石矿物分析充分说明，这是一个典型的陨石坑。它的发现不仅在我国是第一次，在东亚、东南亚地区也是首次。它为我国开展陨石坑地质学的研究提供了一个天然的博物馆。

　　在地球演化的漫长历史中，曾经频繁地遭受到星际物质的袭击，在地面上留下了许多陨石坑。和太阳系大家族中的火星和水星一样，表面布满了密密麻麻的伤疤。可是，地球的外壳比其他行星薄，而且组成地壳的板块不断地发生运动，再加上大气的侵蚀、破坏，地球表面的陨石坑就所剩无几了。近年来，由于采用卫星探测等先进技术，世界上发现的陨石坑数目与日俱增，迄今为止，直径大于1千米的地球陨石坑大约共有10个，主要分布在北美、西欧、北非、澳洲这些地质年代久远，地壳稳定，风化活动较弱的地盾、地台区，像我国广东这样地处热带、多雨潮湿的地方能找到保存这样完整的陨石坑，很不容易。

对陨石坑的研究，不仅出自对"天外来客"的好奇心，而是有重要的科学价值。从天外飞来的陨石，它的冲击力是惊人的。一个直径200米的物体，以每秒25千米的宇宙速度撞击地球，所释放能量相当于1亿吨TNT炸药的爆炸能量，在地面上可以形成一个大约4千米直径的陨石坑。它对地面所产生的作用是极其巨大的，有时冲击效果在几万平方千米之外还可看见。这是在对地球进行科学研究中不得不加以重视的地质过程。

还有一些资料和数据表明，地球历史上发生的一些大的冲击事件可能影响着地史的演化和生命的发展。在6500万年前，白垩纪与第三纪之间的沉积岩层中，铱和其他重金属元素的地球化学丰度出人意料地高。铱并不是地壳的造岩元素，而它却是典型的陨石元素。与这个异常现象相联系的，是这个地史时期地球上动物种属的大量灭绝，曾经在地球上称霸一时的恐龙也一朝覆灭。有人认为，这是由于有巨大的地外天体冲击过地球，造成生物大量死亡。像这种事件在大约3800万年的渐新世和始新世之间也发生过，这个时期北半球哺乳动物群和植物群系以及赤道海洋里的微体生物放射线虫，迅速灭绝了70%，据推测，这个时期的冲击事件可能发生在海洋里，所以地层里没有留下什么明显的痕迹。

由此看来，对陨石坑的科学研究不仅有重要的地质意义，它对人们认识地球史、生物史都有珍贵价值。

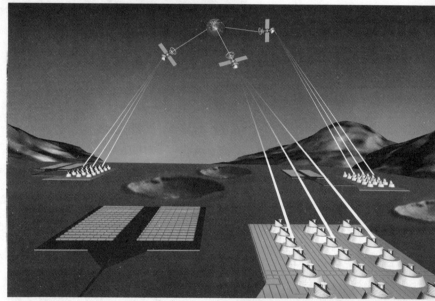

第三章　载人航天

伟大的俄罗斯"航天之父"齐尔科夫斯基曾说:"地球是人类的摇篮,但是人们绝不会永远躺在这个摇篮里,而会不断探索新的天地和空间。人类首先将小心翼翼地穿过大气层,然后再去征服整个太阳系。"

是谁第一个从"摇篮"里站起来穿过大气层呢?是苏联的年轻宇航员尤里·加加林。1961年4月12日,他乘坐"东方-1"号宇宙飞船,在离地面180千米以上的空间环绕地球飞行了一圈,行程4.084万千米,历时108分钟,并安全返回地面,完成了人类有史以来的第一次太空飞行,从而开创了载人航天的新纪元。

苏联发射的卫星式载人飞船有"东方"号、"上升"号和"联盟"号系列飞船。

从1961年4月到6月,苏联用"东方"号三级运载火箭共发射了6艘"东方"号载人飞船。

"上升"号是世界上第一种多人式飞船,可乘坐3人。1965年3月18日,宇航员列昂诺夫离开飞行中的"上升-2"号飞船,进行了人类第一次太空行走。

"联盟"号系列飞船是目前世界上发射数量最多的多人式飞船。1969年1月15日,"联盟-4"号和"联盟-5"号飞船首次实现了空间对接。1975年7月15日,"联盟-19"号与美国的"阿波罗"飞船在轨道上实现了两国飞船的第一次对接,并进行了联合飞行。

卫星式载人飞船,虽然带着人类穿过了地球大气层,然而,它只能在近地空间轨道飞行。1961年5月25日,美国宣布要送人到月球,并且要平安返回家园,从而开始了宏伟的"阿波罗"工程。整个"阿波罗"工程包括:制订登月方案;实施登月飞行的辅助计划,如探测月面情况、选择登月地点等;研制"土星"号巨型运载火箭;进行试验飞行;研制"阿波罗"登月载人飞船;实现登月飞行。

1969年7月16日,"土星-5"号火箭推动"阿波罗-11"号飞船,沐浴着金色的阳光离开了发射架,开始了人类第一次登月航行。继"阿波罗-11"号登月以后,"阿波罗-12、14、15、16、17"号都顺利地完成了登月飞行任务,登月人数共12人。

人类到太空去的重重困难

128

首先，太空中没有空气。没有空气，人类就不可能维持生命。我们都需要吸进氧气，否则就会死去。同以前比较，现在携带氧气并不那么困难了，探索者在攀登高山或者潜水时，都用特别的装置携带所需的氧气。然而，他们探索的旅程都比较短，短途旅行携带氧气总是比较容易的。但是，太空探索者却需要携带长途旅行所需的氧气，他们的旅程可能长达几个月或几年之久。当进行这种长途的旅行时，他们不是制造新鲜的氧气，就是要反复地利用自己携带的氧气。

我们面临的困难还有：在太空中，所有的东西都会产生失重。宇宙飞船在太空中产生失重时，使人感到非常难受，无法站稳。宇宙飞船上的一切东西都必须牢牢地固定住，否则就会飘浮起来，人也必须把自己牢牢地固定住，或用自动弹压机推回到自己的座位上。这时甚至连吃饭也成了

一件相当困难的事情,食物都要由喂食机填塞到人的嘴里去。在这种情况下,你休想把东西放在桌子上,连放一枚钢针也不可能。一枚针飘浮着,就可能把一台仪器毁坏掉,那是相当危险的。

有一些科学家认为,如果人感到本身失重,就会生病。这就是为什么先把动物送入太空的一个重要原因。小狗"莱伊卡"、一些老鼠及一只猴子在太空中的经历都向科学家们证明了:活着的动物在太空中并没有产生不良的影响。

对于太空中的流星可能带来的严重危险,科学家们也是非常担心的。为了抵御流星,科学家们一直在不断地改进宇宙飞船,尽量使其完善。

但是,对于宇航员来说,最危险的莫过于发射离开地面和降落返回地面的时刻了。宇宙飞船发射时突然的加速度产生巨大的震动,宇宙飞船快速冲向天空,几秒钟后就达到每小时4000多千米的速度。当宇宙飞船的速度越来越大时,飞船上的宇航员就被重重地推回到自己的座位上,好像有巨大的重力把他压下去一样,使他不能动弹,就是连呼吸也感到痛苦。他们血液冲向头部,耳朵也嗡嗡地响,有时候,他会感到头晕目眩,眼前一片漆黑。所有的宇航员都必须经受得住加速推进的冲击,并且能在加速推进中理智地控制自己。这就是对宇航员进行精心严格训练的原因之一。在宇宙航行史上,尚未出现过因加速推进而丢掉宇航员性命的事。

宇宙飞船返回降落的时候是另一个极为危险的时刻。1958年时,科学家们还不懂得如何收回卫星,所以只得忍心让小狗"莱伊卡"在太空中死掉。现在,宇宙飞船返回地面似乎是平常和容易的事情了。但是,事实上却并不容易。

倘若宇航员不能顺利地降落,那么,他将遭受到比加速推进时更大的痛苦。如果他降落的速度太快,宇宙飞船就会与地面相撞击而被摧毁。

缓慢而平稳地返回地面

　　宇宙飞船上带有一些小火箭。在返回时，宇宙飞船就向相反方向发射这些小火箭。这些火箭燃烧时产生的力量就使宇宙飞船下降的速度放慢。随后，它全部的降落伞便张开，有3～4个张开而充满空气的降落伞拉着正在降落的宇宙飞船；这样，它降落的速度就越来越慢，最后轻轻地降落到地球表面上。在一般的情况下，宇宙飞船都是溅落在海面上，并且可以很容易地被人们找到。

　　宇宙飞船降落时，必须准确地沿着指定的路线。如果它垂直地急剧下降，下降的速度就会太快，小火箭的力量和降落伞都无法阻止它的速度。这样它就有可能会在大气层中被烧毁，或者可能坠毁在地面上。要是它不垂直下降，就会出现另一种危险，它不但不能返回地面，相反，有可能重新游离到太空中去，我们也许永远也无法再找到它了。

在返回的时候，宇航员就必须沿着这样一条危险中的正确路线返回。为了寻找每一个宇宙飞船返回的正确路线，科学家们在不倦地进行着工作。每年都有许多卫星被发射到太空中去收集科学家们所需要的资料，各国正发射的绕着地球运行的卫星也都向地球发回有关太空情况的电讯资料。

美国的第一批人造卫星是"探索者"系列，"探索者–1"号带着测定流星数量和测量太空温度的科学仪器。接着，美国又连续发射了许多卫星。美国的探索卫星中比较大的称为"先锋"号，第一颗"先锋"号是在1958年发射的。它现在仍旧在轨道上运行着。它将一直地运行下去，也许将继续运行几千年之久。它直接从太阳获得动力，并将继续向我们的子孙后代发回有关的电讯资料。

现在，已经有几千颗不同类型的卫星在环绕地球运转，它们一方面服务于人类，另一方面还在继续探索宇宙中尚未被人类所揭示的秘密。与此同时，从世界各地都连续不断地传来令人振奋的消息，我们已掌握了如何使宇宙飞船安全地返回地面的技术，大家所期待的一天——将人送入太空的日子终于来到了。

第一位进入太空的美国人

132

　　在长期缠绵病榻之后，艾伦·谢泼德于1998年7月21日去世，享年74岁。他是第一位进入太空的美国人，也是迄今为止登上月球仅有的十二个人之一。

　　1961年5月5日，谢泼德搭乘"墨丘利自由－7"号火箭，经过15分钟的亚轨道飞行，进入距离地面189千米的太空之中，谢泼德从而成为美国宇航员进入太空的第一人。

　　他在从佛罗里达州卡纳维拉尔角升空之前说过："我希望成为世界上进入太空的第一人，这是我的心愿。"

　　但是，他的希望破灭了。就在数周之前，苏联的尤里·加加林已经进行了环绕地球的太空飞行。

　　谢泼德1923年11月18日出生在新罕布什尔州的东德里。他在当地的一家机场打零工，干杂活，学到了不少飞机方面的知识。后来他进入马里兰州安纳波利斯的美国海军学院学习，第二次世界大战的最后阶段他在太平洋的"科格斯韦尔"号驱逐舰上服役。

他自愿报名参加飞行训练，但是迟迟未被接受，于是在一家私人飞行学校学习民用飞机驾驶，并获得证书。他于1947年3月获得美国海军航空兵飞行胸章。

谢泼德后来加入试飞员的行列，在航空母舰的斜角飞行甲板上做了一些首次着陆试验。

1959年，他和其他6名飞行员一道受招组成国家宇航局首批航天军种的核心力量，参与"墨丘利计划"的早期工作。后来，汤姆·沃尔夫写了一本《慧眼识珠》的书，这群人因此便可以流芳百世。

曾经是这个组织的一名成员、也是美国环绕地球飞行第一人的约翰·格伦回忆说："我记得艾伦在得知俄国人先于我们进入太空之后，他尤其失望。"

在美国首次载人飞行之后，谢泼德打算指挥"双子星座航天器"飞行。这时，经诊断他的一只耳朵内部受伤，他因此停飞了6年。

1968年他的耳朵做了修耳手术，他又等了3年，然后在1971年指挥"阿波罗-14"号登上月球，这是他第二次，也是他最后一次的太空飞行。

也就是在这一次的太空飞行中，谢泼德成为在月球上打高尔夫球的第一人，当时的情景通过电视传到了地球上的千家万户。

1974年他从国家宇航局退休之时，他在太空中的飞行时间已经超过了216个小时，他被提升为海军少将，并被授予荣誉勋章，他还两次获得国家宇航局颁发的优异服务十字勋章。

载人航天过三关

　　1999年11月20日清晨6点半，"神舟"号载人航天试验飞船，在中国西部酒泉卫星发射中心发射升空。"神舟"号绕地球飞行14周后，于21日晨在内蒙古自治区中部地区成功着陆。继美国、俄罗斯之后，我国成为世界上第3个掌握这项先进技术的国家。

　　载人航天是人类驾驶和乘坐载人航天器在太空中从事各种探测、研究、试验、生产和军事应用的往返飞行活动。根据飞行和工作方式的不同，载人航天器可分为载人飞船、载人空间站和航天飞机三类。载人飞船按乘坐人数分为单人式飞船和多人式飞船，按运行范围分为卫星式载人飞船和登月载人飞船。载人空间站又称为轨道站或航天站，可供多名宇航员居住和工作。航天飞机既可作为载人飞船和空间站进行载人航天活动，又是一种重复使用的运载器。

人上太空要闯三关。

一是要上得去。载人航天器远比人造卫星重得多，没有推力巨大的运载火箭，是不能把它们送上地球轨道的。单人宇宙飞船通常超过5吨，多人宇宙飞船接近10吨，而航天飞机的轨道器，净重达100吨。目前拥有10吨级有效载荷的大推力运载火箭的国家，尚为数不多。

二是要活得好。载人飞船虽由无人航天器(如卫星)发展而来，除保留原有各种分系统(结构、温控、电源、推进等)外，还增加了为人服务的环境控制和生命保障系统、居住系统、报话通信系统、仪表和照明系统等。宇航员出舱还要有宇航服、载人机动装置，以及发生故障时的应急逃生装置等。这些装置和系统都包含有大量的技术难题，美苏为解决问题都曾付出了血的代价。人在太空这个完全陌生的环境里生活，尤其是微重力条件下，面临生活和心理变化的新课题，这是一门与工程技术紧密相连的航天医学。宇航员在太空中的食品要具有热量高、全营养、体积小的特殊要求，长期太空生活免不了患各种稀奇古怪的病。美苏两国在宇航员上天前，都用动物在探空火箭和生物卫星上做了大量实验以取得经验，中国也已在这方面积累了相当的经验。

三是要下得来。安全返回是载人航天器最后也是最困难的一关。除要把返回过程中的制动过载限制在人们能耐受的范围内以外，返回舱还要能防止经大气摩擦上千度的加热而不致损坏。苏联两次死亡事故都是发生在返回途中。落点精度要求要比返回式卫星高得多，以便及时发现和组织营救。这除了载人航天器自身高超的控制技术外，遍布全球的地面和海上测控网是成功回收的先决保证。

看来，谁先能同时闯过这三关，谁就能登上太空。可以相信，今日遨游太空的“神舟”号，将从此再写中国航天的新篇章。

第三代宇宙飞船的"盔甲"

　　美国的"哥伦比亚"号载人宇宙飞船，1981年首次飞行中，发生了部分绝热砖脱落事件，震惊了整个世界。这件事情证明宇宙飞船用的绝热材料的性能必须绝对可靠。

　　"哥伦比亚"号用的硅砖，重量轻、耐热冲击性强，也可以在陆地上用于汽轮机的外壳上。一部分用金属制成的绝热材料，一般是用在以液体氢为燃料飞机的燃料箱上。

　　载人宇宙飞船沿轨道运行时的防热系统，是最引人注目的。过去在飞船船体周围，贴敷着具有高潜热的特殊消融除热材料。在船体表面温度高达1260℃的部分（包括机首下部、主翼及垂尾翼前缘等部分），用的是强化碳质材料。在1260℃到371℃范围内部分用的是硅砖。在371℃以下的货舱门或主翼上面用的是诺曼克斯（是一种聚酰胺材料）制成的绝热材料，并用彩色加以区别。此外，位于机首部分的驾驶室窗和舱口用的是特殊耐热玻璃。从宇宙飞船上材料使用面积的比例来看，强化碳质材料占整个面积的3.5%，其余的几乎全是硅砖和柔软的绝热材料。

硅砖是把高纯度硅纤维用黏结剂进行加固，再在1000℃以上的高温下，经过热处理后制成的。使用时把它切割成一定的形状，加上特殊的玻璃涂层，再经一次热处理加工即可。

硅砖可分为两大类，在650℃以上时，使用高温硅砖，而在650℃以下时，可使用低温硅砖。飞船船体的下部或前部，可用高温硅砖，沿轨道运行的飞船船体上部等处，可用低温硅砖。此外，可根据不同温度改变硅砖的密度，其表面涂层，考虑到有利于放射冷却，把高温硅砖涂成黑色。

美国宇航局也曾经打算使用脆性陶瓷来制造飞船的外壳。目前已成功地开发了在硅砖里混掺入少量硼纤维以提高拉伸强度的耐热复合材料。但是，在"哥伦比亚"号飞船飞行时，没有来得及使用。据悉，这种复合材料，准备用在第二代飞船上。除此之外，美国宇航局正在着手研制用于第三代宇宙飞船的绝热材料。据说这是用镍合金等耐热金属，加上铌或钽做防酸涂层制成的薄型材料。

防止飞船失火

　　自1981年航天飞机开始遨游太空以来，航天飞机上曾发生多起"起火"事件。这些火是由电器装置短路或电子元件过热酿成的。对航天器的设计者来说，火灾发生的可能性越来越令人担心。在太空中起火最令人担心的是，火可能会在人们不知不觉中燃烧一段时间，而且即使察觉出烟雾，要找出火源也将是困难的。

　　地面起火和太空起火燃烧的方式是不同的，这是由于重力的差别造成的。太空飞船及其内部物体在轨道中处于几乎是零重力状态，因此对流的气体无法流动，扩散的热气能够形成球面。燃烧的物体依靠空气扩散来提供氧气，带走氧化物产物，因此通常能够缓慢但充分地燃烧，即使产生碳粒的话，也是很少的一点。这意味着火焰几乎是无色的，仅仅有由于火焰中的化学反应而产生的一点淡蓝色光。由于没有空气对流，热能只能通过空气中很少的辐射和传导来传播分散。

在太空中检查和发现火情绝不是一项容易的事情。问题的一部分在于缺少火在零重力状态下怎样燃烧的第一手数据。美国宇航员只在太空中进行了10次涉及有目的地在飞船中点火的实验。

然而，这些实验表明，没有任何一种检测器能够识别所有材料中的火情。欧洲航天局火灾研究站的物理学家马丁·希普认为，未来的检测系统也将需要热和光的传感器，而且可能需要一种以上的传感器才能检测出烟雾。

确定一套合适的检测器只是解决问题的一半，找到放置它们的合适位置也同样重要。在"哥伦比亚"号等航天飞机的现行设计中，是把烟雾检测器装在空调系统中，这一检测系统只有当空气在整个飞船舱内迅速循环流动时才会起作用，任何空气不流动的部位都会妨碍火情被发现。

这些飞船上的起火事件都与电子设备有关，但是还存在着另外一个潜在的危险，在太空中进行的一些实验涉及到易燃气体。伊利诺伊大学数学家戴维·洛津斯基已对这类情况建立数学模型，以确定与氧气混合的这种气体是如何在零重力状态下燃烧的。洛津斯基的模型可能将导致制造出一种防火系统，它监视飞船上的气体浓度，当浓度达到易燃浓度上限时，就向机组人员报警。

对付在微重力状态下的起火要比科学家最初设想的更复杂。最早进行的实验表明，太空中起火的可能性和猛烈程度要比地球上小，目前这一代航天飞机就是照此设计的。科学家们现在已经知道这是不正确的，但未来航天飞机的设计师尚未将这一点考虑进去。

地面起火和太空燃烧的方式是不同的，这是由于重力的差别造成的。所以，在太空中检查和发现火焰绝不是一件容易的事情。

卫星式载人飞船

140

　　加加林乘坐的"东方－1"号就是卫星式载人飞船。这种飞船在太空里，就像人造地球卫星那样环绕地球飞行。

　　苏联发射的卫星式载人飞船有"东方"号、"上升"号和"联盟"号系列飞船。

　　"东方"号飞船由球形密封座舱和圆柱形仪器舱组成，总重量4730千克。球形密封座舱直径2.3米，能载1名宇航员，并设有可供飞行10昼夜的生命保障系统。仪器舱在座舱后面，里面有制动火箭、化学电池和其他辅助设备。飞船在轨道上飞行时，与末级运载火箭连在一起，总长7.35米。飞行既可自动控制，也可由宇航员手控。

　　从1961年4月到1963年6月，苏联用"东方"号三级运载火箭共发射了6艘"东方"号载人飞船。

　　"上升"号是世界上第一种多人式飞船，可乘坐3人。1965年3月18日，宇航员列昂诺夫离开飞行中的"上升-2"号飞船，进行了人类第一次太空行走。在太空行走与在地面行走完全不同。在地面可以脚踏实地，借助鞋底与地面的摩擦走动。可在太空，脚下是深邃广漠的空间，空荡荡的，身体则轻飘飘的，如在梦幻般的神话世界里一般。列昂诺夫在飞船外进行了观测和拆卸工作等试验，时间约24分钟，离开飞船最远距离有5米。太空行走及其试验，为人类在太空里组建大型永久性航天站和从事其他活动，提供了可靠的科学根据。

　　"联盟"号系列飞船是多人式飞船。它由返回舱、轨道舱和服务舱组成。返回舱是宇航员经常活动的场所，宇航员乘它返回地面。服务舱装有发动机系统和各种仪器设备。轨道舱有对接口，通过它，"联盟"号飞船可在轨道飞行中与无人自动飞船、载人飞船和航天站对接。它可在轨道上长时间地自主飞行，也可与其他航天器对接或与复合体联合飞行。

　　1969年1月15日，"联盟-4"号和"联盟-5"号飞船首次实现了空间对接。"联盟T-15"号飞船于1986年3月13日发射，与苏联最新的空间站"和平"号对接并进行了联合飞行，还将2名宇航员从"和平"号转运到了"礼炮-7"号轨道站上。

　　美国发射的卫星式载人飞船有"水星"号和"双子星座"号两种。

　　"水星"号飞船是单人飞船，共发射了6艘，首次飞行于1961年5月。美国第一名在轨道上飞行的宇航员叫格伦。1962年2月20日，他乘"水星"号飞船在太空环绕地球飞行了3圈，历时4小时55分23秒。

　　"双子星座"号飞船是双人飞船，共有12艘。首次载人飞行是1965年3月由"双子星座-3"号实现的。1965年6月宇航员怀特走出"双子星座-4"号在太空活动了20分钟。

圆了千年飞天梦

自1999年以来，中国已成功发射和回收了7艘"神舟"系列飞船，完成了4次无人飞行和3次载人飞行任务。

"神舟一"号飞船于1999年11月20日6时30分在酒泉卫星发射中心由新型长征运载火箭发射升空，飞船返回舱于第二天15时41分在内蒙古自治区中部地区成功着陆。

"神舟二"号飞船于2001年1月10日发射升空，飞船返回舱在轨道上飞行7天后成功返回地面。

"神舟三"号飞船于2002年3月25日成功发射，绕地球飞行108圈后于4月1日成功着陆。

"神舟四"号飞船于2002年12月30日零时40分在酒泉卫星发射中心发射升空并成功地进入预定轨道，2003年1月5日19时16分在内蒙古中部地区准确着陆。

"神舟五"号载人飞船于 2003 年 10 月 15 日 9 时 09 分 50 秒发射升空。由中国航天员杨利伟乘坐的"神舟五"号，总长 9.2 米，总重量 7790 千克。飞船返回舱直径 2.5 米，约 6 立方米，是目前世界上可利用空间最大的载人飞船。它装有 52 台发动机，能精确地调整飞船飞行姿态和运行轨道。它变轨后飞行的圆形轨道距地球 343 千米。飞船在太空中大约每 90 分钟绕地球一圈。它共绕地球 14 圈。10 月 16 日 6 时 23 分，巡天 60 余万千米的"神舟五"号返回舱成功着陆。中国人终于圆了千年飞天梦。

"神舟六"号载人飞船自 2005 年 10 月 12 日 9 时上天，历经 5 天 5 夜，于 17 日凌晨 4 时 33 分，成功降落在内蒙古中部的阿木古郎草原。在经过 115 小时 32 分钟的太空飞行，完成我国真正意义上多人参与的空间实验后，"神舟六"号载人飞船返回舱顺利着陆。

以"神舟五"号为基础，"神舟六"号的主要技术特点在保持原状的基础上，根据两人多天飞行任务的需要，以及个别技术的发展，做出了四个方面 110 项技术改进。

一是围绕两人多天任务的改进。"神舟六"号采用了供气体调压系统，氧气、氮气由高压钢瓶携带上飞船，使舱内气体成分大致和地面一致。

二是轨道舱功能使用方面的改进。"神舟六"号轨道舱放置了很多航天员生活的必需品，并挂有一个睡袋，供航天员休息用。

三是提高航天员安全性的改进。如返回舱中航天员的座椅设计了着陆缓冲功能，在反推火箭发生故障时依然能够保证航天员安全。

四是持续性改进。"神舟六"号上的黑匣子不仅存储量比原来大了 100 倍，数据的写入和读出速度也提高了 10 倍以上。

"神七"问天

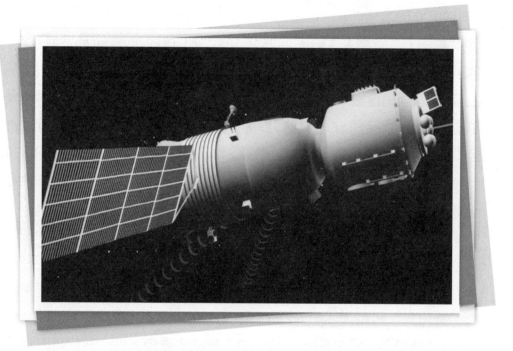

144

　　"神舟七"号载人飞船是乘坐长征二号F型火箭上天的。长征二号F型火箭全长 58.3 米，起飞重量 479.8 吨。与发射"神舟六"号的那枚火箭相比，用于这次发射的火箭有 36 项技术改动，可靠性指标从原来的 0.97 提升到 0.997，乘坐的舒适性也得到了进一步改善。

　　"神舟七"号载人飞船于 2008 年 9 月 25 日 21 时 10 分发射成功，共飞行 2 天 20 小时 27 分钟，绕地球飞行 45 圈，于 28 日 17 时 37 分安全着陆。

　　"神舟七"号的正确入轨、正常运行，出舱活动圆满、安全、健康返回，是我国首次突破航天员出舱行走技术，也是我国载人航天工程三步走战略第二步第一阶段最核心、最关键技术的四项重大突破。

　　第一项是航天员进行了出舱活动飞行试验，突破了出舱技术。为此，专门研制了出舱用的气闸舱。气闸舱是载人航天器中航天员进入太空或者由太空返回时使用的气密装置,它是高气压环境与低气压环境之间的一道闸门,也是出舱活动系统的一个重要接口,同时还是航天员穿脱航天服的场所。两名航天员从返回舱进入气闸舱后,返回舱关闭,气闸舱就变成了密闭的舱段。航天员在舱内换穿航天服,并完成吸氧排氮程序,随后进行泄压后打开气闸舱通向飞船外的舱门,开始进行出舱行走。

二是首次亮相的舱外航天服。太空是呈真空状态,太阳粒子、大量的辐射、宇宙射线等恶劣的空间环境会对航天员的健康和安全构成威胁。舱外航天服壳体是有压力防护、载荷支撑、密封等功能,是名副其实的航天员生命"盔甲"。据了解,航天服研制的正常周期是10年,而中国人研制出自己的舱外航天服,只用了不到4年。

三是中继链路试验。在"神舟七"号飞船推进舱前段安装有中继终端设备,进行"神舟七"号与"天链一"号中继卫星间的中继链路试验。"天链一"号卫星在36 000千米以外的圆轨道上,而"神舟七"号距地面350千米,倾角为42度,要在两个相对运动复杂、倾角各异的空间飞行器间进行无线通讯,在我国尚属首次,意义重大。

四是"神舟七"号释放一颗伴飞小卫星。小卫星在飞船轨道舱周围进行绕飞,以便能更好地观测飞船。这种在轨空间飞行器之间的绕飞试验以前从来没有做过,对于开辟空间技术新领域很有意义。

根据计划,中国预计在2011年左右发射一个空间目标飞行器,之后发射无人和载人飞船与之对接,进行交互对接试验。初步计划在2020年左右建成载人空间站。

人类企盼飞上月球

　　明月当空，幽淡的光辉照着地球的黑夜时，形成美丽的夜景。嫦娥奔月、吴刚伐桂，多少年来，人们一直对月球存在美丽的幻想。可是，科学家却告诉人们，月球上没有水，没有空气，没有雨露风雪，没有虫鱼鸟兽，甚至没有声音，是一个死气沉沉的世界。果真如此吗？人们多么企盼有一天能登上这颗距地球最近的天体，看个究竟啊！

　　那么，人类怎样才能飞上月球呢？

　　我们已经说过，一个物体以每秒钟7.9千米的速度在空中沿着水平方向飞行，那么它在一秒钟内，依直线方向飞了7.9千米，同时被地球引力拉下来4.9米。可是地球是球形的，在这7.9千米的路程中，地面也向下弯进了4.9米。因此，这个物体的高度一直没有变，成了环绕地球转圈子的人造卫星。

如果这个物体的速度超过了每秒钟7.9千米,例如达到了每秒钟9千米,会发生什么情况呢?

这时候,物体在一秒钟内被地球拉下来的距离仍旧是4.9米,但是它依直线方向飞出了9千米,在这9千米的路程中,地面向下弯进的距离已经超过了4.9米。因此,它跟地面之间的距离拉大了,也就是说它升高了。在不断升高的过程中,物体的速度因为受到地球引力的影响,会逐渐减慢。最后,它便不再上升,而是往下降。在往下降的过程中,地球引力又使它的速度不断加快。到速度加快到每秒钟9千米的时候,它又开始往上升了。因此,它飞行的轨道成了椭圆形的,一时高,一时低,绕着地球不断地转圈子。

从这里我们可以知道,一个物体的速度超过了每秒钟7.9千米以后,它的速度越快,椭圆形的轨道就越加扁长。在速度达到每秒钟11.1千米的时候,椭圆形的轨道的长度就超过了地球到月球的距离。如果速度再增快,达到每秒11.2千米,也就是第二宇宙速度,地球引力就拉不住它了。它就会摆脱地球的引力,成为太阳系的行星,绕着太阳转圈了。

月球距离地球38万千米。当宇宙飞船的速度接近每秒钟11.1千米的时候,它的椭圆形轨道就会把月球也包了进来。也就是说,宇宙飞船会绕过月球的背后,再飞回地球。如果适当选择宇宙飞船的出发时间,当它的飞行轨道正好通过月球轨道的时候,月球也正好走到那里,就可以飞到月球上去了。

登月前奏曲

　　早在1961年5月25日，美国就宣布要送人到月球，并且要平安返回家园，从而开始实施宏伟的"阿波罗"工程。

　　整个"阿波罗"工程包括：制订登月方案；实施登月飞行的辅助计划，如探测月面情况、选择登月地点等；研制"土星"号巨型运载火箭；进行试验飞行；研制"阿波罗"登月载人飞船；实现登月飞行。

　　美国在制订登月方案时，有的科学家曾考虑过径直往返月球和在太空建立中转站的方式，但经过对比，这两种方式都被否定了，而采用了"渡船"方式。这种方式就是飞船在近月轨道上放出"渡船"，让"渡船"在月面着陆后再返回飞船。就像海洋中的大轮船派出小艇去小岛一样。

　　登月准备工作紧张、谨慎而有计划地进行着。美国一方面向月球发射"徘徊者"、"勘测者"和"月球轨道环行器"等无人探测器，调查月面情况和选择登月地点；另一方面，他们发射"双子星座"飞船为登月飞行进行多种试验。1966年至1969年，"阿波罗"飞船还进行了多次无人和载人试验飞行。1969年5月18日，"阿波罗－10"号飞船肩负重任离开地球，出色地完成了登月飞行全过程的演习任务。

"阿波罗"飞船由指挥舱、服务舱和登月舱组成。指挥舱呈圆锥形，高3.2米，重约6吨，是全飞船的控制中心和宇航员生活和工作的座舱。服务舱为圆筒形，直径4米，高6.7米，重约25吨，主要用来为飞船作轨道转移飞行提供动力。登月舱由上升段和下降段组成，高约7米，宽4.3米，重14.7吨，担负着在月面着陆和离开月球返回飞船的重任。

在发射前，指挥舱、服务舱和登月舱按顺序安装在"土星－5"号火箭顶部，最上面还要装上"逃逸塔"，也叫"救星塔"。逃逸塔装有三台固体火箭发动机，还有保护指挥舱的防热罩。如果在发射过程中出现紧急情况，它的两台发动机可使指挥舱与服务舱分离，并与指挥舱一起飞向大海。然后由第三台发动机抛弃逃逸塔，打开降落伞，使指挥舱在海面安全溅落。如果不发生意外，逃逸塔在飞行到70～80千米的高度时被抛掉。

德国科学家开普勒曾经说过："到发明了星际航船以后，就会有人出来驾驶它。"在1969年，全世界人口35亿，美国为2.02亿，美国的现役宇航员有50名，谁有幸第一次驾驶"阿波罗"登月飞船呢？他们是阿姆斯特朗、奥尔德林和柯林斯。他们三人都是飞行员，都有妻子和孩子，都曾驾驶过"双子星座"飞船进入太空。

濒临大西洋的卡纳维拉尔角，是凡尔纳曾在他的科学幻想小说中预言的去月球的出发地，被称为"地球的大门"。真巧，首次登月飞行果真要从这里起程。火箭发射早在1969年7月10日就进入倒计时准备阶段了。在等待起飞的日子，时间以小时、分、秒计算着。

ok

登上了月球

　　实现人类登月的历史性时刻来到了。1969年7月16日，在地面中心控制室里，可以听见清晰、洪亮和紧迫的数数声：10、9、8、7、6、5、4、3、2、1，发射！顷刻间，只见洁白的"土星－5"号火箭推动"阿波罗－11"号飞船，沐浴着阳光离开了发射架，开始了人类第一次登月航行。

　　这个高110米、直径10米、重2940吨的庞然大物，下面拖着一条火龙，穿过稀薄的白云，沿弧线飞往大西洋上空。它越飞越快，很快就抛弃了逃逸塔。2分15秒后，第一级火箭脱落。又过6.5分钟，第二级火箭脱落。不久，第三级火箭的一台发动机点火，工作约2.5分钟关机，使飞船达到每秒7.79千米的速度，从而进入高度为188千米的环地轨道。飞船绕地球一圈半，一切正常，再次启动关车的发动机，使其速度增加到每秒10.8千米，进入奔月轨道，告别地球，飞向月宫。在奔月途中，约在起飞3小时以后，飞船开始进行改装。改装时，母船(指挥舱和服务舱)先与第三级火箭分离，并掉转180度,使指挥舱的圆锥顶与连在第三级火箭上的登月舱对接成功后,母船便拖着登月舱与第三级火箭脱离,然后顶着登月舱径直向月球飞去。

到飞船开始接近月球时，服务舱中的主要发动机点火，使飞船减速进入环月椭圆轨道。9月20日，指令长阿姆斯特朗和登月舱驾驶员奥尔德林在这里进入登月舱,与由柯林斯驾驶的母船分离,并靠着陆发动机制动进入椭圆下降轨道,然后关车。当飞船处于这条轨道的近月点时,大约离月球表面高度为15千米，与着陆点距离为480千米，再次启动着陆发动机，最后以每秒0.9米的速度接近月球。

登月舱内蓝灯闪亮,着陆脚上长170厘米的探杆终于触到了月面。阿姆斯特朗极其兴奋地向地球报告说:“休斯敦，这里是‘静海’，‘鹰号’已平安着陆。”

这个以沉默寡言闻名的人，平常心跳只有77次，由于过分激动，此刻却骤然上升到了156次。当走下扶梯时，他说：“对个人来说，这只是一小步，但对整个人类，它却是一大步。”

阿姆斯特朗和奥尔德林穿着在地球上约40千克重的登月服,在月面活动了2小时10分钟。他们在月面上安设了太阳能电池、月震仪和激光反射器，采集了22千克岩石和土壤样品，并竖起了美国国旗。

阿姆斯特朗和奥尔德林在告别月球以前，为了减轻飞行重量，抛掉了背包等多余物,乘登月舱上升段离开下降段起飞,并在环月轨道上与母船对接，返回指挥舱。在上升段与母船分离以后，服务舱的发动机启动，飞船踏上归途。地球由小变大，山河依稀可辨，在快进入大气层时，指挥舱与服务舱分离，坠着降落伞，安全溅落在夏威夷群岛西南海面上。

他们到了嫦娥居住的地方

　　每逢中秋之夜，人们仰望皎月，自然会联想到嫦娥奔月的神话故事。提起仙女嫦娥，还得先说"后羿射日"。传说天上有10个太阳，晒得大地庄稼枯焦，人们无法生活，天神后羿无比气愤，于是就带着妻子嫦娥来到人间，用他的神箭射落了9个太阳，从此大地才恢复了生机。这件事惹恼了天帝，天帝罚后羿和嫦娥在人间当了凡人。后来，后羿从天母那里偷来一包仙药，两人分吃后可在人间长生不老，不料嫦娥独自吃了那药，她身不由己，飘上天去，住在了月亮上的广寒宫，终日与玉兔为伴。

　　1969年7月20日，美国宇航员第一次登上月球，从此人类便看清了它的真面目。令人失望的是那里没有仙山琼阁，没有桂树和玉兔，更不存在嫦娥和吴刚。原来，月亮不过是地球的一个卫星，体积为地球的1/4，离我们38万多千米，上面覆盖着一层岩石和尘埃，既没有水，也没有空气，生物在那里是无法生存的。

　　1971 年 7 月 26 日，美国著名宇航员詹姆斯·欧文和其他两名宇航员一起，驾驶"阿波罗－15"号宇宙飞船在月球上登陆，并拍摄了人类踏上月球的影片。

　　从登月影片中我们看到，登月舱脱离飞船，降落月球，身穿太空服的欧文缓缓爬出飞船舱口，步下舷梯，踏上月球的地面，但他才跨了一步，就摔了一个跟头，他爬起来试图再迈一步，结果又跌倒了，欧文不得不像袋鼠一样用双脚轻轻地朝前跳动。

　　欧文说，他们登上月球的时候，正值黎明，太阳在仅有 1.5 千米远的地平线上升起，日冕的光晕蒸腾跳跃着，把月球大地染成淡淡的巧克力色。由于月球上没有大气，也就没有大气的折射现象，一切都出奇地清晰，明亮的地方极明亮，黑暗的地方极黑暗，每个山头都投下了狭长阴森的黑影，再加上黑暗的陨石坑，使人觉得月球上的大地仿佛在起伏波动。

　　月球上没有风雨，没有生命，没有声音，一切都像是静止的，即使是山的影子，也看不出明显的变化。由于月球自转速度慢，月球上的昼夜大约相当于地球上的 27 天，所以在月球上工作几小时，抬头看着太阳，太阳好像还在老地方没动。

　　欧文他们在月球度过了 119 小时 46 分。他说，月球上温差很大，"白天"最高温度达 127℃，"黑夜"最冷达 － 183℃。

　　站在月球上遥望人类居住的地方，地球是个什么样子呢？欧文说："站在荒原般的月球上，在一片死寂中，望着我们的地球，地球像挂在漆黑的宇宙中，一只蓝白相间的水晶球，大约有 4 个月亮那样大，其中蓝的是海，白的是云，它是那么美丽……当我们返航的时候，它已成了漆黑天幕上的一抹浅蓝，就如一弯放大了的新月。"

登月也不是一帆风顺的

154

　　月球距离地球38万千米,当宇宙飞船的速度接近每秒钟11.1千米的时候,它的椭圆形轨道就会把月球也包了进来。也就是说,宇宙飞船会绕过月球的背后,再飞回地球。如果适当选择宇宙飞船的出发时间,当它的飞行轨道正好通过月球轨道的时候,月球也正好走到那里,就可以飞到月球上去了。

　　1969年7月20日,"阿波罗-11"号宇宙飞船的登月舱在月球着陆。通过电视,地球上亿万人看到了阿姆斯特朗先是小心翼翼地把左脚踏上月面,然后鼓足勇气将右脚也踏在月面上。此时,阿姆斯特朗手腕上的欧米茄手表指针正好指向晚上10点56分。19分钟后,奥尔德林也下到月面上来了。他们两人在月面上留下一块金属纪念碑,上面写道:"公元1969年7月,来自行星地球上的人首次登上月球。我们是全人类的代表,我们为和平而来。"两位宇航员第一次在月球上留下了人类的足迹。当他们回到登月舱，准备乘坐它的"上升段"重新进入月球轨道时，一位宇航员背着的"生命保障系统"外壳竟把"上升段"喷气推进器启动开关的塑料旋柄撞断了。倘若登月舱"上升段"无法启动，宇航员将会永远留在月球上。

由于没有携带任何修理工具，损坏的启动开关无法修复。宇航员连忙用无线电话向地面的休斯敦控制中心报告这一十万火急的情况。控制中心大厅的科学家们无不为之震惊，他们立即动手在模拟的登月舱上寻找办法。正当人们为宇航员没有携带修理工具而大伤脑筋时，一位科学家突然想起每个登月宇航员身上都带着一支特别的圆珠笔，这种被称为"太空笔"的万能圆珠笔是发明家保罗·菲舍尔为宇航员设计制造的。这种新型圆珠笔内的油墨经密封加压，在失重、真空或 $40℃ \sim -50℃$ 的干气温条件下使用，仍然书写流畅，字迹清晰。它在陆地上、太空里，在风雪中、冰山上，在河水里和坑道里，都能在带油脂和沾污迹的纸上书写，其他物质表面也能书写。这种笔是由硬合金制成，异常坚固。这位科学家心想，也许可以利用这支太空笔代替已损坏的塑料旋柄去启动开关。于是，他在模拟器上反复试验，证明这个方法简单灵验。控制中心马上把这个消息通知月球上的宇航员。于是，就在 21 日 13 时 54 分，宇航员手握太空笔，如法炮制，启动开关的电路果真在瞬时接通，点火一举成功，"上升段"在喷气推进器强大气流推动下，缓缓飞离月面。于是，才促成了登月的胜利返航。

人类六次探访月球

　　继"阿波罗－11"号登月以后,"阿波罗－12、14、15、16、17"号都顺利地完成了登月飞行任务,登月人数共12人。

　　1969年7月20日,美国"阿波罗－11"号首次成功地在月球上着陆,两名宇航员在月球上迈出了人类的一大步。他们在月球上收集了大量的月球上的土壤和岩石样品,拍摄了照片和用铝箔捕捉太阳风质点,安放了测试、记录月球震动的月震仪,以及精确测量与地球距离的激光反射器。

　　1969年11月,美国"阿波罗－12"号第2次登月,宇航员做了几项重要试验,带回了岩石和尘土样品,同时还将美国发射到月球上做探测器的部分仪器带回地面,用以科学研究。

　　在"阿波罗－11"号和"阿波罗－12"号的飞行中,还曾利用废弃的第三级火箭进行了人工月震试验。就是在第三级火箭与飞船分离后，让它们剩下的燃料飞入月球的引力作用范围，结果它以每秒2.5千米的速度与月球相撞，激起了相当于110吨TNT爆炸的人工月震，在月面留下了直径达数十米的火山口似的深坑。

1971年初，美国宇航员乘坐"阿波罗-14"号第3次登月。这次他们带去一辆手推车，并把岩石装在车上拉着走。在月球上，他们做了近3千米的长途旅行。一位宇航员特意做了在月球上打高尔夫球的活动表演。

半年之后，美国"阿波罗-15"号开始飞向月球的航程，还带去了一辆最远可行驶90千米的月球车。登月之后，宇航员驾车到不同的地方去进行探测。他们在月球上活动了两天多，使用车上的仪器进行了一系列新的化验和实验。

1972年4月，美国宇航员乘坐"阿波罗-16"号又一次成功地登上了月球，并按计划进行了多项考察、探测和科学实验。

同年12月，"阿波罗-17"号载着美国宇航员实现了第6次登月飞行。宇航员在月球上建立了一个核动力装置的实验室，安装了一组先进的电子仪器。两名宇航员再次驾车在月球上行驶20千米，并发现了月球上曾有过水的证据。

登上月球趣事多

　　1969 年 7 月，人类终于登上了月球。人在上月球前，已经探明月球上没有大气，温差变化极大，为了保证登月宇航员的安全健康，人们给宇航员制备了特殊的航天服和背包式生命保障系统。背包式生命保障系统中，有供给宇航员呼吸和维持服装压力的氧，有消除二氧化碳的净化装置以及装备有能和飞船、地面站通话的通讯装置，能将宇航员的重要生理信息（心跳、血压、呼吸等）传输到地面站的遥测装置，保证宇航员在月球探险中健康安全。

　　人们登上月球实地观察后，发现真正的月球不是人们想象的那样美丽。整个月面是一片凸凹不平的荒凉世界，平坦的月面上是一层厚厚的约有 20 厘米的尘土。由于尘土都是松散的粉状，一踏上去，便自然会留下你的足迹，如果没有别人把你的脚印弄乱，你在月球上的足迹就能存在千万年。

月球上由于没有空气，声音无法传播，因而显得万籁俱寂。你跟同伴面对面讲话，也只能是"听而不闻"。十分有趣的是，有时你对你的同伴还会"视而不见"哩！由于月球上没有空气，阳光照到月球上无法散射。因此，阳光照到之处明亮耀眼；阳光照不到的地方漆黑一片。

由于月球上没有空气，你不必担心风雷雨雪等气候的变化，但要注意温度的变化。由于没有大气层的保温作用，在月球表面，中午温度高达127℃，半夜时温度却降到－183℃，在月球上看天空没有颜色，黑夜看星星特别亮，但从不闪烁，因为闪烁是光通过大气造成的。最使人陶醉的是，晚间在月球上看地球在宇宙天空发光，简直像到了人间仙境一样。

曾有人推测，习惯于地球重力下生活的人，可能适应不了这种低重力环境。实际上在月球低重力环境下，人的一切生理功能是比较正常的。人在月球上行动很有意思，宇航员虽然身上穿着笨重的宇航服，背上背着一个大包，但是，觉得比在地球上轻松多了，似乎觉不出有什么负荷，轻飘飘的很舒服，大踏步地走来走去，完成各种科学考察工作，并不觉得特别疲劳。宇航员们体会，穿上有负荷走路，反而能使步伐变得正常，行走时感觉到似乎失去质量中心似的，走了两三步才感觉到下面有脚。行走时像袋鼠那样跳跃式前进更为方便，迅速有力，速度比地球上快得多。

月球上的重力只有地球的1/6，人们携带负荷并不觉得特别重。一个在地球上能举到200千克质量的运动员，在月球上他能够创造举起1200千克的纪录。

人们登月的实践，证明了人在月球上只要有完好的个人防护装备就能够健康安全地工作、生活，这就为人类征服月球，开发月球开辟了道路。

ok

登月旅游与人体变化

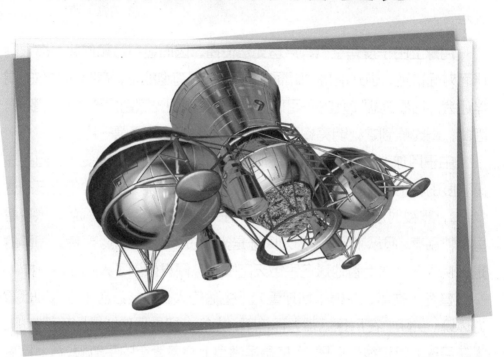

到月球上去旅游，确实是件很吸引人的事。

那么，上月球去旅游怎么个走法和游法呢？大体说来，让游客登上旅游专用航天飞机，先飞行到环球轨道上。坐在航天飞机里绕地球若干圈，观看欣赏地球的宏伟概貌。之后，另一艘宇宙飞船飞入环球轨道和航天飞机对接，由宇宙飞船拖带飞往环月轨道，然后乘登月舱，轮流登月。在月球上有月球车侍候，按特定路线，巡视一周，最后各旅客下车找一些月球上的纪念品，再乘登月舱离开月球飞返宇宙飞船，循原"路"回归。

美国设计的旅游航天飞机，共有74个座位，6个是机组人员的工作座位，客席为68个。机组驾驶舱和航天客舱分隔开，航天客舱的设计已考虑了普通乘客的安全、健康和生活舒适的问题。客舱分上下两层，有扶梯相通。内部温度、湿度、气压等可以调节得和地面一样。如果不出客舱，可以不穿航天服。但若登月，则要穿上航天服才能出去。

茫茫太空，小小机舱，远别地球，离开人间，在乘客中会引起微妙的航天心理障碍。首先是起飞时和航行中，有点恐怖感，害怕万一航天飞机失事，尸骨遗落太空，不着边际。不过这种恐怖感，一旦经历过，很快可以在交谈中消除，心情逐渐稳定下来。

但登月飞行，必须有一段失重经历。失重时肌肉、骨头等的负荷减轻，血液静压为零，会出现头晕无力、无空间感等现象，这便是所谓的"航天病"，相当于大海航行中的晕船。另一个是上升时，血液集中到上半身，会出现"红视"现象，眼睛充血，眼前一片红色。而下降时，血液集中到下半身，头部血液减少，两眼发黑，出现"黑视"现象。

其实，登月旅游也并不是一件很惬意的事，一般都会有生理反应，如头涨、鼻塞、面色潮红、心跳加快，严重的还会恶心呕吐，所以需要有医生监护，一般是可以克服的。在航天旅途中，乘客要多吃点钙。航天飞机上有一个小厨房，供应牛排、面包、馅饼、煎鸡蛋、虾汤等，服务的航天小姐还会给你送去香蕉、草莓、茶水、咖啡、桔子汁和牛奶等。但在航天中，吃的东西，甜味会下降，咸的会变淡。

再一方面，在航天旅途中，人体会缩小。据测量，人在太空中和在地球上相比，体积要缩小2.5～6.9升，体重平均下降4～6千克。即使回到地球，体积也不会一下子恢复过来，约两天后会慢慢膨胀到接近原状。旅游一次月球，血液中的红细胞要下降15%，血液容量减少10%左右，血钙水平下降5%，心脏泵血力量也会下降。回到地球后要恢复28天左右，人体才能完全恢复正常。但一般的在2～3天内，会基本恢复到90%的程度。不过月球旅行，可以延缓衰老。

苏联人错过了登月时机

1957年首次敲开外层空间大门的苏联人为什么没有登上月球？早在美国实施"阿波罗"登月计划以前，苏联头号宇航设计师柯罗列夫就在秘密酝酿登月计划。列昂诺夫等几名宇航员也开始接受登月飞行训练。柯罗列夫建议将现有火箭的载重量提高15～20倍，建造有效负载高达100吨左右的"HI"号火箭。苏联决策人长时间犹豫不决，直到1966年才通过了95吨有效负载的计划。

1961年美国公布"阿波罗"登月计划，给苏联科学家增加了压力。在柯罗列夫必须加快"HI"号火箭的研究步伐时，他却缺少火箭的关键部分——发动机。当时能胜任发动机设计的只有格鲁什科领导的设计局。遗憾的是两位科学家对火箭发动机发展方向的看法不一致。

格鲁什科建议用氟、硝酸等有毒化学物质做燃料，取代当时使用的煤油和液态氧，而柯罗列夫则认为使用氢氧混合燃料更加可靠。此外，柯罗列夫计划用大量同步工作的中型发动机充当"HI"号火箭的第一级，格鲁什科则建议联结大型发动机组。学术上的争执终于未能使两位科学巨人携起手来。陷入困境的柯罗列夫不得已转向飞机发动机专家库滋涅佐夫寻求帮助。

1966年，柯罗列夫不幸逝世。接替他的科学院院士米申坚持了他的设计思想，但时间紧迫，米申不得不省去一些必要的发动机点火试验。

1969年2月21日、1970年7月2日和1971年7月27日，科学家们先后三次对有效负载95吨的"HI"号巨型火箭进行了发射试验，结果均遭失败。在1972年11月23日进行的第四次试验中，"HI"号火箭飞行了107秒。其间所有发动机和火箭第一级系统工作正常。尽管这次试射终因尾舱部件失灵而失败，但科学家们却极受鼓舞。这宝贵的107秒表明，火箭的总体设计方案是正确的，离最后成功已经不远。

科学家们的乐观是有根据的。"HI"号火箭的控制系统、测量技术以及一些内部结构特征在当时都是最先进的，超过了美国用于"阿波罗"登月计划的"土星-5"号火箭。然而，1974年5月正当科学家们为下两次发射试验积极准备时，格鲁什科取代米申成为柯罗列夫设计局的总设计师。他上任的第一天就宣布"HI"号火箭的设计方案是一个错误，并声明自己"不是空着提包"来的。就这样，悄悄开始的"HI"号巨燃火箭的研制工作又悄悄地结束了。

新型火箭的研究在格鲁什科的领导下从开头到十几年后获得巨大成功，孕育出苏联"暴风雨"号航天飞机和"能源"号巨型火箭。但是，对于柯罗列夫第一代科学家为之奋斗十多年的登月计划来说，却失去了最宝贵的东西——时间。

"嫦娥"奔月

　　月球上的环形山大多以各国著名天文学家或其他著名学者的名字来命名。过去，我们只知道月球背面有四座环形山是用中国人的名字命名的，他们是石申、张衡、祖冲之、郭守敬四位。石申是战国中期天文学家，张衡是东汉科学家，祖冲之是南北朝时期南朝的科学家，郭守敬是元代天文学家。

　　其实，还有第五位。这个人的名字叫王古或万户，西方人认为他是载人火箭的先驱。王古是15世纪末的一位烟火工匠，万户可能是他的官职。据传说，他发明了可以操纵的火箭飞行器，上有座椅，由巨型火箭牵引，外表很像两条连在一起的飞蛇。在一次飞行试验中，火箭爆炸，王古不幸殒命。

　　关于王古，史籍记载不详，但还是可信的。国际天文联合会月面环形山命名工作小组特意选他的名字,是为了表彰古代中国人民在火箭技术方面所显示的才能。以王古命名的环形山位于月球背面,它的规模在以中国人命名的五个环形山中居于首位。

千百年来,人类一直梦想飞上天空,特别想到月球上去做客。

2007年10月24日18时05分,长征三号甲运载火箭托举着"嫦娥一"号卫星顺利升空。

26日9时41分,中国国家航天局正式公布"嫦娥一"号卫星传回并制作完成的第一幅月面图像。

从"嫦娥一"号起飞,到第一张清晰、高质量的月图"亮相",中国首次月球探测经过了扣人心弦的33天。

33天的时间。中国首颗探月卫星以近乎完美的方式迈出了"准时发射,准确入轨,精密测控,精确变轨,成功绕月,成功探测"的关键六步,精确、顺畅程度令世界瞩目。

我国探月工程分为"绕、落、回"三个阶段。"嫦娥一"号顺利升空后,"嫦娥工程二期"将很快进入实质性阶段,届时将进行两到三次软着陆巡视勘察。2017年,"嫦娥工程三期"行动将发射一颗月球软着陆器,不仅采集月壤和岩石的样本,还要搭乘返回舱重返地球。

据估计,月球土壤含有大约100万至500万吨氦-3,有巨大的开发利用前景。若把氦-3作为可控核聚变燃料,它将是人类社会长期、稳定、安全、清洁和廉价的燃料资源。

预计在30年后,氦-3将成为人类的主要能源,并能让我们的子孙后代使用几万年! 仅凭这一点,我们就应该早日登上月球,开发月球。

ok

月球的年龄

　　300多年来,经过天文学家的辛勤探测研究和近期载人宇宙飞船多次登月进行科学考察,已查明月球几乎可以说是一个没有水的世界。月球的大气密度估计小于地球海平面上的大气密度的一万亿分之一。由于没有大气层的保温作用,月面上的昼夜温差很大,中午温度高达127℃,半夜低到－183℃。没有任何生命存在,有的只是火山口和岩石块而已。由于没有空气的传播作用,不会发生任何声音。月球上空看不到色彩绚丽的霞光,天空是一团漆黑,星星就像一颗颗夜明珠镶嵌在黑色的天幕上。它和万物生长、生气勃勃的地球相比,完全是一个万籁静寂的不毛之地。如果你在月球上欣赏人类的老家——地球,要比在地球上看到的满月大14倍!它没有月亮那样的升落规律,一直高悬在空中。不仅如此,地球的反光能力大于月球的6倍,它能放射出比满月还亮80多倍的光,几乎可与阳光媲美。在地光照耀下，不用点灯就可以读书写字。

　　就是这样一个月球，它一直忠心耿耿地陪伴着地球，陪伴着我们。可是，倘若有人问起我们：月球有多大岁数了？我们该怎么回答呢？

　　经过科学工作者的分析研究，我们地球的年龄约46亿岁，那么，月球呢？过去，对这个问题确实不好回答。1969年7月21日，当宇航员带着月球上的岩石和土壤返回地面后，科学家对这些月岩和月壤进行了分析研究。现在，月球的年龄可以揭晓了。

　　原来，月球岩石和地球岩石一样，都含有放射性钾，这种放射性钾，能够缓慢地衰变成氩。因此，只要知道某一岩石中，放射性钾已衰变出多少氩，人们就可以推算出那块岩石的年龄了。

　　宇航员发现月岩的大部分是火成岩，它们的生成有两种可能：一是由原先的熔解状态，凝固而成今天的模样；二是因巨大的陨石撞击月面时，产生的高热所造成。据科学家分析，这种火成岩的年龄，大约有30亿岁。

　　宇航员不仅发现月球上最年轻的岩石，年仅300万岁，而且还发现月岩中有块号称最古老的岩石，据地质学家分析，它可能是月球形成时的残存岩石，已有46亿年的高龄了。

　　由此推断，月球和地球的年龄大致相同，真是老伙伴了。

关于月球上水的争论

　　美国"克莱门汀"无人驾驶飞船首次在月球南极发现冰湖，这个意外消息给航天界梦想重返月球的人士带来了极大的希望。科学家认为，月球上的冰可以给未来的宇航员提供水、氧气和火箭燃料，给人类长期居留月球的梦想带来了可行性。

　　科学家们透露，由"克莱门汀"无人驾驶飞船发现的这一冰湖位于月球南极附近的艾特肯盆地。艾特肯盆地直径约2500千米，深约13千米，是太阳系中迄今为止发现的最大、最深的陨石坑。冰湖长366米，深5～10米。

　　冰湖并非纯冰，而是细微的冰晶与月球尘土的混合物。科学家认为，历史上曾经有一颗彗星撞击月球，彗星所含的大部分水蒸气分散于宇宙中，小部分积聚到终年黑暗、温度接近绝对零度的陨石坑底部，形成了冰湖。

发现冰湖的"克莱门汀"飞船是1994年1月25日由美国国防部和宇航局联合发射升空的，它原是"星球大战"计划的一部分，用于试验探测弹道导弹的小型太空传感器技术，在月球上发现冰湖则是一大意外收获。

"克莱门汀"飞船进入月球轨道之后，用机载雷达绘制了月球表面的精确地图，其中包括月球暗面的地形，飞船发出的无线电波经月球反射回地面后，由地面天线接收。由于岩石、土壤和冰等不同物质的反射波不同，科学家们用几个月时间分析反射波，认为月球上存在上述冰湖。

但是，目前仍有许多科学家怀疑这个发现。有些人认为分析雷达波的数学模型不够完善。还有的科学家指出，同样的雷达波可能有多种不同解释，标志着不同的物质，冰湖只不过是其中一种可能性而已。

后来，美国的一艘军用太空飞船在对月球进行科学探测时，发现月球南极一个巨大火山口下有一个冰湖。美国专家说，该火山口的直径有2500千米，大小相当于中国台湾岛的一半。火山坑深13千米，冰的厚度达3～30米。

专家们说，在36亿年以前，曾有一颗彗星撞击月球南半球，造成一个巨大陨石坑，彗星尾部带有的水分就留在了坑底。由于月球的南半球永远背着太阳，坑底温度低达－230℃左右，所以水分一直没有蒸发。

专家说，如果能证实这一判断正确，那么将有助于人类到月球探险，或以月球为跳板，对其他星球进行探测。因为这些水既可供科学家们饮用，也可把它分解为氢氧和作为燃料。这对人类进行更深入的太空研究具有重大的意义。

月球上的"月震云"

气象与地震的关系，是一个古老而又年轻的课题。地震发生的可能性，除了与降雨有关外，还与风、霾、云、雷、雪等有关，特别是与"异常热"和"大气浑浊"现象有十分密切的关系。尽管季节不同，地区有别，许多地震前都出现"特别耐热"、"暴热"等与当时季节不协调的气温。震前的"大气浑浊"也是一个比较普遍的现象。这些异常现象可以用地震前后出现的"地气"加热效应和污染来解释。

近年来，我国和日本的科学家通过实际观测、分析云图，在地球上发现了"地震云"。中、日两国科学家为开展"地震云"的研究，加强了学术交流，为探索"地震云"的形成机制和应用于临震预报加强了合作。

地球上存在"地震云"，月球上有没有"地震云"或称"月震云"呢？1983年9月1日，美国报道，在月球上发现了"月震云"!"月震云"是怎样发生的呢?观察月球的科学家们通过长期的观测,在月球上有时能突然看到奇异的光。这些光显示着几种不同的形式:有时它们是一些很快消失的突然的闪光;有时这些光很明亮,发光的时间能持续半小时以上。这些闪光或明亮的光,有时甚至显示红色或粉红色爆炸。

英国威尔斯博士说,这些光是从月球表层下面跑出来的气体所产生的,气体引起月球表面的尘埃上升,并且形成云,它捕获太阳光而引起发光。他相信,这种气体是当月球轨道接近地球时被释放的。他注意到当月球离地球最近时,奇异光就会产生。英国科学家认为地球吸引月球,就会引起月震和月球表面的活动,从而引起气体的上逸,形成我们称为的"月震云"。

威尔斯博士的理论中有一部分通过美国"阿波罗-15"号月球计划而被证实。"阿波罗-15"号宇宙飞船发现了放射性氡气从月球表面下面逸出的证据。科学家所说,在月球上氡气的存在意味着一定还存在其他气体,上逸的气体能够携带放射性氡气到月球表面。"阿波罗-15"号也发现了大量的氡气围绕着月球的阿里斯托奎火山口,天文学家们在这个火山口已经看到了大量的奇异光。

向月球要电能

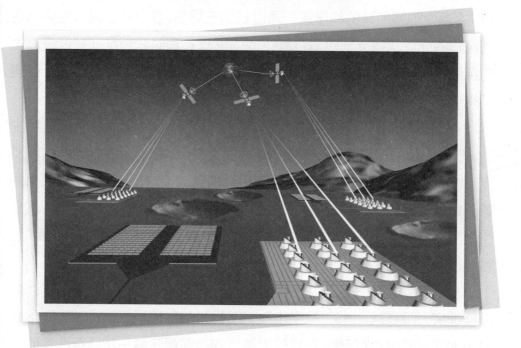

172

　　早在1968年，美国科学家格拉泽博士已提出了从宇宙获得太阳能的设想。从此以后各国科学家已对此进行了更深入细致的研究。同时，面向21世纪的这项宇宙发电的新产业技术，受到人们的普遍关注。所谓宇宙发电，就是利用卫星发电或利用建造在月球上的发电站将太阳能转换为电力并传送到地球上。

　　日本文部省宇宙科学研究所等单位的研究小组在1994年设计了发电卫星"SPS2000"。与此同时，日本材料科学技术振兴集团也对月球输电计划积极开展了研究。

　　所谓月球输电是指在月球上建立一个无人的太阳能发电基地。以日本科学技术厅航空宇宙技术研究所为核心组成的研究小组拟订的一项计划说，要在宇宙基地进行太阳发电试验，计划用巨大的镜子把阳光集中在一起，通过斯特林发动机和热电子元件构成的系统把太阳热转换为电力。转换效率为30％以上，比阳光发电多20％左右。日本得力中央研究所的主力研究员神户满在谈到用于宇宙发电的技术所涉及的效果时指出："为用于宇宙发电而开发的热电子元件和热电元件，可用于利用废热发电系统和代替发电涡轮机。"

从月球太阳能发电基地所得的电能将以激光的形式传输给地球，再由地球上的设施将激光能转换为电能的一种形式。这种输电方法一旦获得成功，地球上原来难以获得电力的深山老林、荒漠孤岛，甚至飞行中的飞机或卫星、飞船都可较容易地获得电能。

美国、俄罗斯也利用航天飞机和宇宙飞船进行宇宙发电试验，并验证宇宙发电的可行性。

日本科学家制订的计划是，在2010年完成500千瓦规模的月球输电实验，到2020年将在月球表面上建立发电规模为400兆瓦的核反应堆，并通过静止卫星将由电能转换的激光输给地面的接收站，预计届时地面可得到约6兆瓦的电能，同时还将完成月球输电对地球的气象、环境影响的研究，并最终在月球上建立永久性的输电基地。其输电规模将能满足地球上全部的电力需求。

人类将开发月球

　　月球是我们的邻居，是人类的一笔巨大财富，开发月球的时代即将到来。

　　月球是地球的卫星。现代科学家对月球的了解，甚至超过了对南极的了解。自1959年1月，苏联的"月球－1"号探测器飞临月球以来，已经发射60多个月球探测器，获得大量有关月球表面、月质结构等方面的资料。

　　由于月球的自转周期与它的公转周期正好相同，月球总是只有一面朝着地球，月球背面一直是个不解之谜。1959年苏联的"月球－1"号，拍摄到第一幅月球背面的照片，才揭开了它的秘密。它同正面有较大的差异，月面凸凹不平，起伏悬殊，有些地方比月球半径长4千米，而有的地方又短5千米。月背的月壳厚度达150千米，比正面厚90千米。月背还有众多的环形山。

美国的"月球探测器"4号和5号，在飞近月球的"雨海"、"危海"等"月海"上空时，发现下面的重力场特别强，表明那里的物质聚集特别集中，这种地方称为"质量瘤"。在月球正面发现了12处这样的质量瘤。"阿波罗"飞船登月带回来的月岩和月壤样品中，发现有60种矿物，其中有6种是地球上没有的。地球上所有的化学元素，在月岩和月壤中都相继找到了，但是没有找到生命物质。

美国施米特博士和另一名宇航员赛南上校，乘1972年12月7日发射的"阿波罗-17"号宇宙飞船飞往月球，进行了历时74小时59分的月球考察，这是人类在月球上逗留时间最长的一次考察。这次考察取得的成果也最大，他们在月面上建造了一座有核动力的实验室，收集了重114千克的各种月岩、泥土。

月球尽管是一个连简单生命也没有的荒凉世界，但它拥有大量的铁块状矿石，除含铁外，还含镍和钴。月岩和月壤中还含有铅、钛、锰等金属及放射性元素钠和钍等。火成岩是提取铝、硅、氧的良好原料，而氧对发展空间科技来说是至关重要的，建造空间工厂所需的原料大部分可以从月球取得。

月球上的岩石有一半是氧的化合态，核能可以把这些物质分解，从中提取氧，最后以液氧形式运回地球，液氧可成为航天器的主要燃料，像航天飞机那么大的一艘飞船可运回20吨液化氧。

月球上的环境虽然对人的生存是可怕的，但同时它却是生产某些材料的理想环境。如生产过程需要的真空、无菌和极度低温，生产工业钻石、药物和有些精密仪器就需要这种环境。在月球上发射航天器可以比在地球上发射节约许多燃料。

欧洲人计划登月

　　从1969年7月20日，美国"阿波罗-11"号首次成功地在月球上着陆，两名宇航员登上了月球，到1972年12月"阿波罗-17"号实现了第6次登月飞行，至今已40年了。

　　据德新社报道，在美国人登月30年后，欧洲航天专家也在为他们的首次登月活动做准备，设计了重350千克，装满了科学家实验设施的"Smart-1"结构舱。

　　负责登月计划的欧洲航天局科学家贝尔纳·富万指出，再也不能排除向月球移民和使其工业化的可能性了。月球能减轻载人飞船登上火星的难度。月球对于想像力丰富者和对科学家一样具有强烈的吸引力，因此出现了像富万领导的400人月球探索者协会这样的组织。他们的目的是：为了人类的利益，促进月球探索。他们认为月球应成为人类探索太阳系的下一步目标。

　　这个协会说:"我们希望通过追求这个目标,把人类最好的东西带给月球,并把月球的好处带给地球上的全人类。"

　　会员设想:机器人绘制出月球的地图,最后从2015年起使其成为人类在地球之外的永久居住地。该协会认为,再过几十年,就可以建立完整的居住区了。也许到2069年,在阿姆斯特朗和奥尔德林迈出小小的那几步——实际上对人类来说是如此之大的一步——之后100年,月球可能宣布"独立"。但是,离勘探矿物资源储量和发电潜力还很遥远。这种想法与实际情况还相差很远,而且如果公众对月球勘探的热情不增长,非商业性宇宙飞行几乎不可能实现。

　　想搞月球之旅的美国月球公司的戴维·风普说:"一旦私人公司将第一批宇航员送入太空,那么大家就清楚地看到,太空不再是美国宇航局、欧洲航天局或其他航天局的天下了。"休斯敦研究月球和行星的专家迈克尔·杜克说:"我们的月球非常适合试验用来探索水星、火星和小行星的技术。"

　　富万说,月球之旅的最大好处就是只需要几天时间,而火星之旅则需要6个多月。

　　在不久的将来,包括"Smart-1"登月在内,将有3个登月计划。此外,日本还有两次登月计划。由于正在建设国际空间站,今后几年要花巨额资金,而火星计划又是探索计划的核心,所以登月计划相对较少。

考察月球的身世

　　一个多世纪以来，科学家们相继提出了许多月球成因的假说，总的说来有分裂说、俘获说、同源说和碰撞说四大类。

　　提出分裂说的科学家认为，地球和月球原本是一个行星。当它还处于熔融状态时，由于星体高速地自转，行星从赤道带上甩出了一大块物质，月球就是由这块物质形成的。

　　分裂大致发生在地球已形成地核以后，月球是含金属很少的地球中间层——地幔分出去的。所以月球的化学组成与地幔相似，而与整个地球的平均成分不同。月球的实际情况正是如此，分裂说似乎很有说服力。

　　然而，倘若月球是从赤道上飞走的，那么它的轨道平面应该与地球赤道平面相一致。但事实上，月球轨道平面与地球赤道平面有一个不小的夹角。这又是为什么呢？分裂说没有回答。

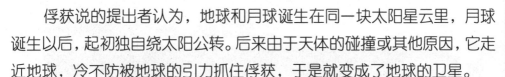

俘获说的提出者认为，地球和月球诞生在同一块太阳星云里，月球诞生以后，起初独自绕太阳公转。后来由于天体的碰撞或其他原因，它走近地球，冷不防被地球的引力抓住俘获，于是就变成了地球的卫星。

但是，使人费解的是月球不同于一般的小天体，要俘获它是很不容易的。月球原先是绕日公转速度很快，当它接近地球时，必须大大减慢速度才有可能被地球的引力捉获，原则上不是从地球身边溜走，就是撞在地球上。它怎样能轻易地被俘虏呢？

地月同源说的学者认为，月球和地球是一对孪生兄弟，是双双相伴而在同一块星云中诞生的。不过，同胞兄弟应十分相像，它们的成分却差异很大，又如何解释呢？

主张碰撞的学者认为，在地球形成后不久，一个来自太阳系内部的像火星那样大的天体，以每秒11千米呈斜角碰撞了地球。这一碰不仅使地球自转变快了，同时在碰撞最强的部位，抛出了许多因撞击加热而汽化了的岩石物质。这些气体先是绕着地球转动，而后凝聚成了月球。撞击物质中既有地球的，也有撞击者留下的。

从1969年7月人类首次登上月球到现在，已经40年了！在宇航员们采集的约385千克的月球岩石样品中，有些样品是在30～46亿年前形成的。

月球的成因，目前仍在探索之中，但随着各种航天探测器飞临月球，在月球上降落以及宇航员的登月活动的逐渐增多，无疑为揭开月球形成之谜，奠定了坚定的基础。

激光测月误差小

　　1969年7月20日10点56分，美国宇航员阿姆斯特朗和奥尔德林先后登上了月球。他们在月面上停留了2小时21分钟。在这段时间里，他们完成了好几项科学实验，比如用铝箔捕捉从太阳射出的稀有气体；设置测量月面震动的月震仪；安放了一组激光反射镜，用来测量地球与月球间的精确距离；他们还采集了23千克的月球岩石和土壤。这一组激光反射镜是由100块石英制成的直角棱镜组成的。这100块棱镜排成10行，每行10个，构成60×60平方厘米的平面列阵。角反射器刚放好，各国科学家立即向它发射激光，进行测试。

　　宇航员还没有离开月球，日本科学家就捕获了反射光。过了十多天，美国科学家测量到地球与月球上角反射器的距离是38.392 18万千米，误差在45米以内。以后，各国科学家使用高质量的激光器和精密的时间仪，逐步使测量的误差小到±15厘米。而过去用雷达测量，误差要在±1千米左右。

为什么激光测月误差这么小呢?这是因为激光是方向性最好的光。在日常生活中，人们总认为手电筒和探照灯的光柱方向性最好。其实，若仔细观察就不难发现，无论是手电筒，还是探照灯，其光柱均沿扇形发散，导致光柱射得不很远。与这些普通光源相比，激光光束的方向性不知要好多少倍。要是用肉眼看上去，激光光束几乎是平行而直向的"细线"，其发散角近于零。如果用激光光束射向月球，虽然经过38.4万千米的"长途跋涉"，其投上月球的光斑(即激光束照射面积)仅为2千米大小。相反，若用世界上功率最大的探照灯去照射月球，其光柱跑不了多远就会发散掉，根本照不到月球。纵使能投射到月球，其光斑面积也会大得难以测算，它的直径至少也有几万千米。尤其是，由于激光方向性好，会聚力自然就强得很。要是用透镜来聚集激光束，便可聚成极小的斑点。例如氦-氖激光束，可以会聚到只有四分之一毫米大小的斑点。

激光，是激光器发射的光束。具有三个特点：亮度极高，比太阳的亮度可高几十亿倍；单色性好；方向性好，光束的发散角可达毫弧度。

现在已知，月球每年以4厘米的速度离地球远去。

利用月球进行通讯

　　在第二次世界大战即将结束的最后几个月里，一批德国科学家在进行一项通讯试验。晚上，他们用一架大功率的天线对着月球，发射无线电脉冲。周围寂静无声，然而几秒钟以后，他们从无线电接收机中听到了从月球表面反射回来的脉冲回音。科学家们欣喜若狂，因为这是人类第一次利用地球以外的物体作反射面进行的通讯试验。

　　1946年，美国将这种试验用在军事通讯上。美国陆军通讯兵利用月球作反射面，进行了军事通讯试验。尽管月球表面反射的效率很低，反射的电波能量只有到达月球电波能量的7%，反射的信息很微弱，但是，他们还是进行了电报和无线电传真图片的试验。

　　1958年，美国与联邦德国正式建立了利用月球作反射面的通讯联系。1960年，美国海军司令部与远离美国本土的夏威夷基地，利用月球建立了图片传真和电传打字的通讯联系。

利用月球作反射面的通讯，可以采用微波进行。微波，一般指分米波、厘米波、毫米波波段（频率为 300 兆赫至 300 吉赫）的无线电波。也有人提出还应包括亚毫米波波段（300～3000 吉赫）的无线电波。利用这些波段可以进行中继通信、卫星通信和散射通信等。这种电波不会受电离层的干扰，所以通讯质量和保密性都很好，适宜于军事通讯，但是由于通讯双方要都能看到月亮才能通讯，所以每天只有几小时的通讯时间，不能全天通讯。另外，由于月球离开地球太远了，电波来回传播的时间很长，如果甲地与乙地打电话，一问一答，电波在途中时间就要 5 秒钟。由于使用月球进行电话通讯很不方便，因此目前只停留在军事通讯上，还不能在商业通讯上推广。

科学家们受到月球反射通讯的启发，设计了无源卫星——人造月亮，发射到近地轨道上，来进行通讯。这种月亮是用合成树脂薄膜制成的，表面上镀了铝，直径为 30 米。它在离地球较近的轨道上绕地球旋转。因为只是利用人造月亮上面的铝薄膜反射面反射电波来通讯，上面没有任何转播设备，也没有电源，所以人们称它为无源卫星。1960 年 8 月，"回声-1"号和"回声-2"号无源卫星第一次完成了跨大西洋的通话试验。

移居月球不是幻想

美国休斯敦约翰逊航天中心领导人温德尔·门德尔已正式向白宫提交了向月球上移民的计划。向月球上移民的计划将分阶段实施。

第一阶段是让发射出去的人造月球卫星在围绕着月球的轨道上旋转，其任务是标定向月球上移民的最佳地区。这块移民地应是令人惬意的小角落，具有丰富的可开采的矿物资源，而且月面又必须结实可靠。届时，将派勘测队在实地制订未来的月亮村施工计划。

紧接着进入第二阶段，也就是兴建施工阶段。这一阶段地球开始向月球移民并运去基建机械，如掘土机、推土机、起重机等。地球外的第一个人类新村将建筑在1万平方米的岩石上，地基用微波技术加以硬化处理。在这片月球地面上，首先安装"集装箱"巨型管道（直径6米，长18米），它们彼此连接成等边六角形；首批"月亮人"在"集装箱"内赖以栖身。然后又把一个六角形彼此连接起来，就像蜜蜂营造蜂房一样形成建筑群，里面可以容纳上百人生活。第一个月球村将用21根"集装箱"管道连成3个六角形。在每个六角形中间，用高压充气的办法鼓吹起18米高的巨大圆包。第一个包为生产食物的农场；第二个包作为月球表面研究实验室；第三个包则是"月亮人"的公寓。

那么，人们将怎样在月球上生活呢？这跟在太阳能基地生活有点类似，但要更为深居简出。因为月球没有大气层，各种对人体器官有害的宇宙射线得不到过滤减弱。而且，这个地球的天然卫星会遭到规模不等的陨石物的轰击。唯一的办法是用月球上的沙土装成沙袋，在我们漂亮的月球村上面堆一层缓冲层，外形酷似印加金字塔。

自然，这个小小的世外桃源会让人想起鼹鼠掘洞时形成的小土丘。庆幸的是，在月球上生活也有其优越条件：由于月球引力比地球小得多，又没有大气包围，就可以用极少的能源来完成许多任务。月球村比空间轨道站最大优越性在于，人们可以稳当地直立，人的骨骼也不会失钙，不会有恶心的反应。而且太阳能是充沛的，很容易收集。这些能源是可以满足未来月球居民的要求的。考察表明，月球有丰富的矿产资源，月表岩层含有40％的氧，20％的铝，20％的硅，此外还有铁、钛等金属资源。

氧气可以通过化学方法从地下提取，然后配制成可供人呼吸的人造空气。氢可以从碳氢化合物中提取。氧气与氢气化合就能生成水，倘若在月球上找到冰，就更好了。有了水、空气和阳光，植物就可以生长……

月球村将成为地球的先进基地。我们可以用很少的能源建造或组织在地球上难以实现的巨型火箭及其发射。我们可以在月球表面上建造天文望远镜，特别是射电天文望远镜，它们的工作将不受地球各种电子干扰。

所以说，这项计划是征服太阳系和探测宇宙奥秘的奠基石。

图书在版编目（ＣＩＰ）数据

飞出地球／于洋主编．—长春：吉林出版集团股份有限公司，2009.3
（全新知识大搜索）
ISBN 978-7-80762-605-3

Ⅰ．飞… Ⅱ．于… Ⅲ．航天－青少年读物 Ⅳ．V4-49

中国版本图书馆CIP数据核字（2009）第027870号

主　编：于洋
副主编：于今昌　于雷
编　委：岳军　　于越姝　冯鑫　邓伟　　孙颖

飞出地球

策　　划：曹恒　　责任编辑：息望　付乐
装帧设计：艾冰　　责任校对：孙乐
出版发行：吉林出版集团股份有限公司
印刷：河北锐文印刷有限公司
版次：2009年4月第1版　印次：2018年5月第14次印刷
开本：787mm×1092mm 1/16　印张：12　字数：120千
书号：ISBN 978-7-80762-605-3　定价：32.50元
社址：长春市人民大街4646号　　邮编：130021
电话：0431-85618717　传真：0431-85618721
电子邮箱：tuzi8818@126.com